国家骨干高职院校建设项目成果　环境艺术设计专业项目式教学系列教材

餐饮空间设计实训指导书

任洪伟　主编

中国水利水电出版社
www.waterpub.com.cn

编写说明

一、内容设定

餐饮空间设计课程设计的理念和思路主要是基于项目导向式教学理念，改变原有课堂讲授式的教学模式，引入装饰企业真实项目，按照室内设计程序，将项目分解成若干个典型工作任务，每个工作任务都对应设计过程的相应环节，在教师指导下，学生可做自主完成的任务。相关理论知识紧紧围绕工作任务的需要来提供，同时兼顾高等职业教育对理论知识学习的需要。

本实训指导书是面对教师和学生编写的辅助参考资料，是针对高职院校课程教学设计编写的综合性实践教学教材，为了使教学环节能够更加科学、规范、严谨，我们以理论和实践相结合，注重教学中的实践，将教学内容更加接近社会实践和对人才技能的需要，这样能够更好地提高学生的全面工作素质。

二、基本情况

高职教材内容应具有针对性、实用性，才能有效地培养实用型技术人才。为达此目标，必须有针对性地选择教学内容，教程的制定应科学合理。只有这样，才能真正做到按需施教，凸显培养目标的教育特色。

教材内容突出了实用技能的培养，注重培养学生实际应用的工作能力，选择了餐饮设计的关键知识点和实用技术展开设计理论。由于餐饮空间设计涉及的内容非常广泛，是集技术、艺术、科学为一体的综合性学科，所以本教程在内容的设定上主要针对培养高技能人才的教学目标设计教学内容，设计了最基本的工作环节为教学环节，与之相关的知识内容为学习内容，精炼了工作模式的教学结构模式，使学生在学习中熟悉和了解工作环境与工作过程，进行初步的工作实践。

三、培养目标

坚持以就业为导向，培养应用型技术人才，走实用之路。培养目标定位在通过学习设计的基本理论与实践，了解设计的基本概念，学习设计的方式方法和流程，掌握基本的设计理论，加强设计表现的基本技能。

高职教育的艺术设计专业更注重实践能力和技术能力的培养，并使学生树立市场观念，具备实际工作能力，提升专业素养，这是本课程教学的独特性。

（1）加强对形态构成知识的理解，深入掌握室内设计基础理论，理解和掌握室内设计程序。

（2）培养学生室内功能设计能力、设计创意能力、手绘草图表现能力、计算机制图能力。

（3）培养学生独立思考能力、培养学生团队合作能力、培养学生设计创新精神、敬业精神、探索精神。

四、基本体例架构

本教材的基本体例架构是根据高职教育的需要来定位和展开的，是针对特定的培养对象、明确的培养方向、实际的教学目标、实用的教学内容设计的。

《餐饮空间设计实训指导书》的基本体例架构是根据工作实践环节所需要的知识点来设定的，是从感性到理性的科学的学习过程。

以餐饮工程项目设计为主线来贯穿整个课程的知识体系，围绕这条主线划分出不同的工作项目，分段分量地学习，更好地掌握不同阶段的基本理论和不同技能，由浅入深、循序渐进，学生易于接受和掌握。

在整个学习过程中，学生不仅掌握了餐饮空间设计技术，同时锻炼了一定的沟通、表述、学习、实践等工作能力，还培养了独立的思维能力和一定的应变能力。

五、教学实施的基本方法

通过教师模拟工作环境进行交流性实训，通过项目导入、实训任务、实训基础、工作任务进行等教学方法来培养学生掌握、运用知识的能力和职业技能。

教师采用以项目驱动为主导以及引导学生自主学习相结合的方法，充分调动学生学习的主动性。掌握设计能力要在真实项目的设计实践中运用所学的知识去分析问题和解决问题，这种能力主要是通过大量的设计实践逐步提高的。

设计是与市场紧密联系的一门学科，它包括了市场的需求、人们的心理分析、设计材料的不断更新、设计手段的不断变化。

在教学过程中，老师和学生互动，同学之间的相互探讨，让他们自己作出判断，这样利于创新意识与创造能力的培养，使学生由被动地接受知识转变为主动地去挖掘知识。

职业能力通过工作项目的练习达到锻炼的目的。在实训任务中，学生会遇到许多设计上的问题，如尺度、空间、体量、材料、结构等，这些问题能使学生充分运用所学知识，从大量的草图到初设方案的建立，再到方案深化的掌握的过程中，达到职业技能的培养。

六、总学时设定

餐饮空间设计作为环境艺术设计专业的实践课程，需要不少于90学时进行集中实训。

本课程是环境艺术设计专业的核心课程。通过学生的课程设计实践，使学生掌握餐饮空间设计的基本设计实践技能，较好地适应环境艺术设计工作的需要，为今后的就业打下坚实的基础。

本课程开设在室内设计基础、手绘效果图快速表现、电脑施工图绘制、电脑效果图表现、材材料与施工工艺等基础专业课程后，学生已经掌握了设计基本理论和设计表现的基本表达技能，然后开设本门课程，才能够使学生进入正常的实践过程。它的前导课程是别墅设计、办公空间设计、商业空间设计，后续课程是毕业设计。

编　者

2013 年 5 月

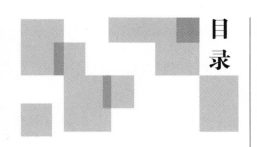

目 录

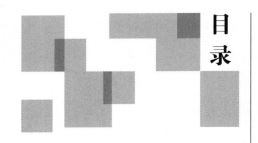

目 录

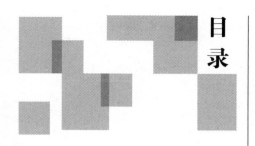

目 录

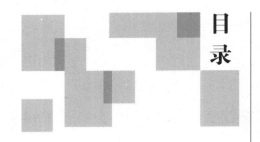

目 录

项目一　餐饮空间功能分区　　学时：18 学时

一、项目导入

（一）设计项目

（1）某人在上海投资一处特色酒店。建筑名称：原上海工部局宰牲场；建筑地点：虹口区溧阳路611号；建成时间：1933年；结构方式：钢筋混凝土结构；保护等级：暂定为四类保护建筑。

（2）建筑原始平面图：平面一如图1-1所示，使用面积580m²；平面二如图1-2所示，使用面积480m²。两个平面选择一个进行平面功能分区设计。红色区域为开设酒店的区域，投资人经过论证考察，决定开设俄式烤肉快餐厅，就平面布局进行平面功能设计，由于地点的商业特点，最大限度地提高利用率是业主的希望。

（3）本设计方案是以招标的形式通知了多家装饰设计公司，平面功能分区方案设计最终选定设计公司进行下一步的设计。

（4）甲方提供了现场照片，如图1-3～图1-11所示。

1. 建筑平面

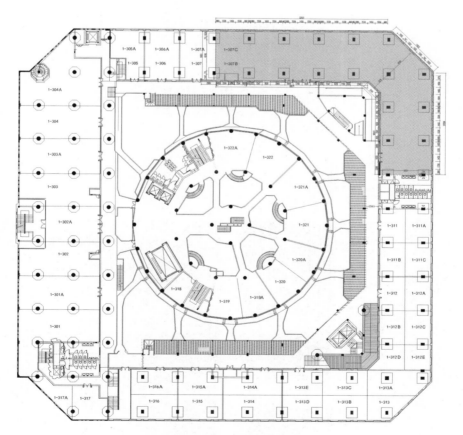

1933 Building #1 3rd floor Floor Plan
1933 1号楼 3层 平面图

图1-1　建筑内方位平面图

2. 餐饮空间设计平面

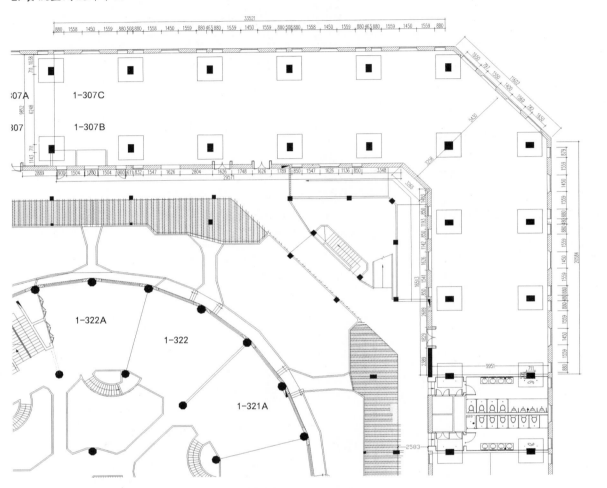

图 1-2 建筑空间平面图

3. 现场照片

图 1-3 室内照片一

图 1-4 室内照片二

图 1-5 室内照片三

图 1-6 室内照片四

图 1-7 室内照片五

图 1-8 室内照片六

图 1-9 室内照片七

图 1-10 室内照片八

图 1-11 室外门脸照片

（二）历史概况

上海1933老场坊坐落于上海虹口区虹口港、沙泾港交汇处。周家嘴路、溧阳路、海宁路、海伦路、武进路环绕其周围，并与北外滩遥呼相望。阳光从大剧院顶棚的玻璃窗照射进来，半阴半亮，形成内部空间神秘而幽深之感。

上海1933老场坊原为上海工部局宰牲场，1933年由工部局出资兴建，英国设计师巴尔弗斯设计，中国当时的知名建筑营造商建造。据史料记载，建造这个宰牲场，光建筑和设备就花费银元三百三十多万元。

1933老场坊全部采用英国进口的混凝土结构，墙体厚约50cm，两层墙壁中间采用中空形式，在缺乏先进技术的20世纪30年代，巧妙利用物理原理实现温度控制，即使在炎热的夏天依然可以保持较低的温度，可见这栋建筑当时工艺设计的前瞻性和先进性。

1933老场坊的建筑融汇了东西方特色，整体建筑可见古罗马巴西利卡式风格，而外圆内方的基本结构也暗合了中国风水学说中"天圆地方"的传统理念。"无梁楼盖""伞形柱""廊桥""旋梯""牛道"等众多特色风格建筑融会贯通，光影和空间的无穷变幻呈现出一个独一无二的建筑奇葩。不同的季节，不同的时间，不同的角度，永远可以领略到1933老场坊不一样的风情。

整幢建筑风格朴实无华，大气而不张扬，只有仔细观察，才能从它似乎不经意的精美装饰细部中，感觉到当初设计师的匠心独运。如此流畅的生产工艺、精密的房屋结构、卓越的建筑设计，出现在近百年前的上海，可谓开一先河。即使在当时，全世界这样格局规模的宰牲场也只有三座，而1933老场坊是目前唯一现存完好的建筑，其他的也都无从可寻了。

今天的1933老场坊，俨然已经成为沪上炙手可热的时尚创意新地标。全球传媒业翘楚宏盟集团、雪茄客俱乐部、沪上餐饮经典苏浙汇、绝色婚纱摄影、亚洲知名建筑事务所LEO、上海设计之窗等纷纷入驻，无疑已经成为了一座集历史建筑经典与时尚生活完美结合的热门地标。法拉利F1派对、雷达表50周年庆、宝马新车发布等一场场知名品牌活动在这里轮番上演。中心圆一到三层更是不定时地为公众带来设计、生活方式、求知的展览艺术活动。

（三）实训目标

通过餐饮空间功能分区项目设计，首先让学生对餐饮设计项目中功能分区设计有一个正确的认识，对这一设计阶段在设计中的重要性有一个明确的认识。

学生通过餐饮空间功能分区项目设计，了解功能分区设计考虑的因素，设计的过程及方法。

功能分区考虑的内容很多，是设计的较为基础及全面综合考虑的设计部分，同时还要对设备的布置有宏观的考虑，对交通路线的布置有明确的规划设计，功能分区设计是设计过程中具有纲领性的设计部分，为今后的局部设计奠定基础。

二、实训任务

分项	内　　　容	建议学时
任务1-1	平面功能分区设计手绘草图。 平面功能分区设计是初始设计，应以手绘设计创作为主，经过深思熟虑后进行手绘设计创作，在经过修改后，才能进行下一步的深入具体设计	8学时
任务1-2	平面功能分区设计计算机绘图。 平面功能分区进行初始手绘设计后，还要运用现代工程技术施工图绘制手段（即计算机制图技术）来最终完善设计图纸，同时进行细致的深化设计，使平面功能分区设计方案在图面上更加规范，在细节上更加准确	6学时

三、实训基础

学时：4 学时

参考文献：1. 教材；2. 室内设计资料集；3. 网络相关文件

实训方式：1. 阅读教材；2. 同学间交流；3. 师生座谈

思考的问题	提　　示
1. 酒店的设计定位如何确定？	（1）进行环境调查； （2）对甲方需求的调查； （3）对商业环境进行调查； （4）对消费群体进行调查
2. 酒店定位的内容是什么？	（1）经济标准； （2）文化取向； （3）艺术设计标准
3. 酒店的经营和管理与酒店设计的联系有哪些？	（1）设计要以方便企业经营为前提； （2）设计要服务于企业的经营与管理； （3）设计是酒店现代经营管理的必要条件
4. 酒店设计应满足客人的什么需求？	（1）菜品需求； （2）娱乐需求； （3）文化需求； （4）其他需求
5. 酒店定位的方法与步骤是什么？	重点考虑工作过程
6. 酒店设计餐饮服务是怎样的？	从建筑服务的内容方面考虑，进行归类
7. 酒店设计空间序列是怎样的？	重点考虑顾客就餐及酒店服务序列对应的空间

思考的问题	提　示
8. 餐饮空间的总体布局的要求有哪些？	（1）服务内容； （2）服务设备； （3）服务空间序列； （4）交通路线； （5）文明与安全； （6）艺术性要求
9. 功能分区的原则是什么？	人性化原则
10. 餐饮空间动线设计的原则是什么？	方便、快捷、高效、舒适
11. 餐厅动线安排要考虑的因素有哪些？	（1）顾客与员工； （2）顾客与顾客； （3）顾客与服务人员
12. 餐厅与厨房的距离是怎样确定的？	参考相应的设计规范
13. 如何考虑卫生与安全设施？	参考相应的设计规范
14. 商业餐饮的面积指标是怎样确定的？	参考相应的设计规范

思考的问题	提 示
15. 商业餐饮空间的常用尺寸是多少？	参考人体工程学相关资料
16. 其他	

四、任务 1-1 平面功能分区设计手绘草图 学时：8 学时

（一）准备与要求

分 项	内 容
1. 实训前准备	A. 教师准备 （1）工具用品。包括：A3 打印纸、铅笔、碳素笔 0.38、橡皮、设计资料、计算机、计算机资料。 （2）教师要进行课前准备：熟悉设计平面图的细部尺寸；熟悉平面图空间的具体情况；建筑内外的情况等。 （3）教师要有较为明确的方案设计构思和较为完整成熟的设计方案，同时要有几种可能产生的设计方案的比对，并明确其利弊、优缺点。 （4）教师要熟悉设计要求和其他情况。 B. 学生准备 （1）设计实训基础理论的学习，相关内容资料的收集、学习。 （2）工具用品。包括：A3 打印纸、铅笔、橡皮、碳素笔 0.38、彩铅、马克笔、图板 A2、直尺或三角板、设计资料等。 （3）学生要熟悉平面图的细部尺寸，熟悉平面图空间的具体情况，建筑内外的情况。 （4）学生要熟悉设计要求和其他情况。 （5）进行餐饮空间社会实地现场调查，掌握第一手资料，为设计提供感性认识
2. 安全文明	（1）学生工作实训期间，不得大声询问、讨论、喧哗，使用工具时小心轻放，减少噪音。 （2）工具、衣物、包裹、书籍、用品等摆放要有秩序，不要乱堆乱放。 （3）工作中不能吃食品，不能做与设计无关的事
3. 参考资料	（1）《室内设计资料集》 （2）教材《餐饮空间设计》（任洪伟 主编） （3）《餐饮空间设计实训指导书》（任洪伟 主编）
4. 其他	后记

（二）实训内容

分　项	内　容
1. 设计餐饮空间服务的内容，调整与修改	（1）本设计方案甲方要求空间服务内容： 收银台、包间、厨房、餐区、歌舞区（邀请俄罗斯演员进行歌舞表演）、音响设备室。 （2）以下为空间服务提示，由设计师自由选择： 卫生间、服务区、存衣处、服务吧台、门厅豪华包间、餐饮酒吧台、名品展区、文化展区、名人展区、演绎休憩区、工作人员更衣室、仓储室、其他空间。 （3）学生要明确选择空间的理由，增加空间的理由
2. 设计餐饮服务空间的位置，调整与修改	（1）空间序列反映顾客消费活动的规律，合理的设计更人性、更舒适，空间的布局既紧凑，又科学合理。 （2）空间分割采用的方法？ （3）空间划分考虑的因素？ （4）顾客就餐模拟，进入—就座—卫生间—就座—观演—买单—出来一系列活动方便程度
3. 选定餐饮服务空间的尺寸，调整与修改	（1）参考《室内设计资料集》 （2）参考教材《餐饮空间设计》（任洪伟　主编） （3）家具空间尺寸确定是否合理，是否符合设计规范，是否符合设计理念，是否符合餐饮设计特点

（三）实训步骤

分　项	内　容	
1. 实训引导	（1）分组：2～3人为一个小组，研究完成一个设计任务。 （2）方式：每人出一个方案，研究综合选定一个方案与教师交流。 （3）评价：方案得分由学生互评和教师评定综合确定	
2. 设计餐饮空间服务的内容，调整与修改。与同学、教师交流	以下为空间服务提示，由设计师自由选择： 卫生间、服务区、存衣处、服务吧台、门厅豪华包间、餐饮酒吧台、名品展区、文化展区、名人展区、演绎休憩区、工作人员更衣室、仓储室、其他空间 学生设计工作填写表 1-1	
	选定的空间	同学最终确定 × 或 √
	①	
	②	
	③	
	④	
	⑤	
	⑥	
	⑦	
	⑧	

分　项	内　容
设计遇到的问题	
3.设计餐饮服务空间的位置，调整与修改。与同学、教师交流	手绘进行平面功能分区位置设计确定，小组商定统一设计意见。每个同学分别绘制平面功能分区设计图（绘制图纸见书后插页Ⅰ） 学生设计工作填写表1-2 表格见下

学生设计工作填写表1-2

绘图要求明确的内容	有	无
①空间名称的标注文字		
②空间内设备名称的标注文字		
③7个必有的空间有几个		

分　项	内　容
设计遇到的问题	
4.选定餐饮服务空间的尺寸，调整与修改。与同学、教师交流	手绘进行平面功能分区尺寸设计确定，分别画图，细部尺寸确定，每个学生分别绘图，出最终图，评定成绩（绘制图纸见书后插页Ⅱ） 学生设计工作填写表1-3

学生设计工作填写表1-3

绘图要求明确的内容	有	无
①空间尺寸的标注数字		
②空间内设备尺寸的标注数字		
③空间名称的标注文字		
④空间内设备名称的标注文字		

分　项	内　容
设计遇到的问题	

（四）考核 　　　　　　　　　　　　　　　　　　　　　　　　　满分 16 分

分　项	内　容			
	选定的空间		同学评定 × 或 √	教师评定
1. 选定空间 4分	①			
	②			
	③			
	④			
	⑤			
	⑥			
	⑦			
	⑧			
	⑨			
	⑩			
			评分	评分
2. 位置确定 4分	评定			评分
3. 尺寸确定 4分	评定			评分
4. 综合评定 4分	评定			评分
合计				评分

五、任务 1-2　平面功能分区设计计算机绘图

学时：6 学时

（一）准备与要求

分　　项	内　　容
1. 实训前准备	A. 教师准备 （1）计算机、CAD 绘图软件及技术。 （2）教师要熟悉平面图的细部尺寸、平面图空间的具体情况和建筑内外的情况；教师要有较为明确的方案设计构思和较为完整成熟的设计方案，同时要有几种可能产生的设计方案，并明确其利弊、优缺点。 （3）教师要熟悉设计要求和其他情况。 B. 学生准备 （1）计算机、CAD 绘图软件及绘图技术，制图原理。 （2）学生要熟悉平面图的细部尺寸，熟悉平面图空间的具体情况和建筑内外的情况。 （3）学生要熟悉设计要求和其他情况
2. 安全文明	（1）学生工作实训期间，不许大声询问、讨论、喧哗。使用工具时小心轻放，减少噪音。 （2）工具、衣物、包裹、书籍、用品等摆放要有秩序，不要乱堆乱放。 （3）工作中不能吃零食，不能做与设计无关的事
3. 参考资料	（1）《CAD 电脑绘图技术》 （2）《室内设计资料集》 （3）教材《餐饮空间设计》（任洪伟　主编） （4）《室内制图原理》
4. 其他	后记

（二）实训内容

分　　项	内　　容
1. 平面绘图	按手绘的平面功能分区平面图，进行 CAD 计算机绘图，绘图按照建筑制图规范绘制
2. 尺寸标注	空间尺寸、设备尺寸标注数字
3. 名称标注	空间名称、设备名称标注文字
4. 其他	

（三）实训步骤

分　项	内　容
1. 检查计算机设备及软件，进行工作前调试及设定	（1）制图计算机检查及绘图软件桌面设定。 （2）进行保存文件设定，保存为 CAD2004 版。 （3）进行图纸设定 A2 图框。 （4）其他
2. 制图	按手绘设计方案绘制平面功能分区平面图
3. 交流修改调整设计	（1）交流设计创意，教师指出设计的不足之处。 （2）细部绘图调整比手绘图设计尺寸更加精确，手绘没有发现的问题通过电脑绘图暴露明显，要调整，而有些内容还需要重新设计确定。 （3）其他
4. 完善制图	文字、尺寸标注，细部尺寸确定调整
5. 其他	完成工作后，上交电子文件，同时上交打印文件。建议打印在 A3 纸上

（四）考核   满分 9 分

分　项	内　容	
1. 平面绘图 3 分	评定	评分
2. 名称标注 3 分	评定	评分
3. 尺寸标注 3 分	评定	评分
合计		评分

设计参考

设计方案 1

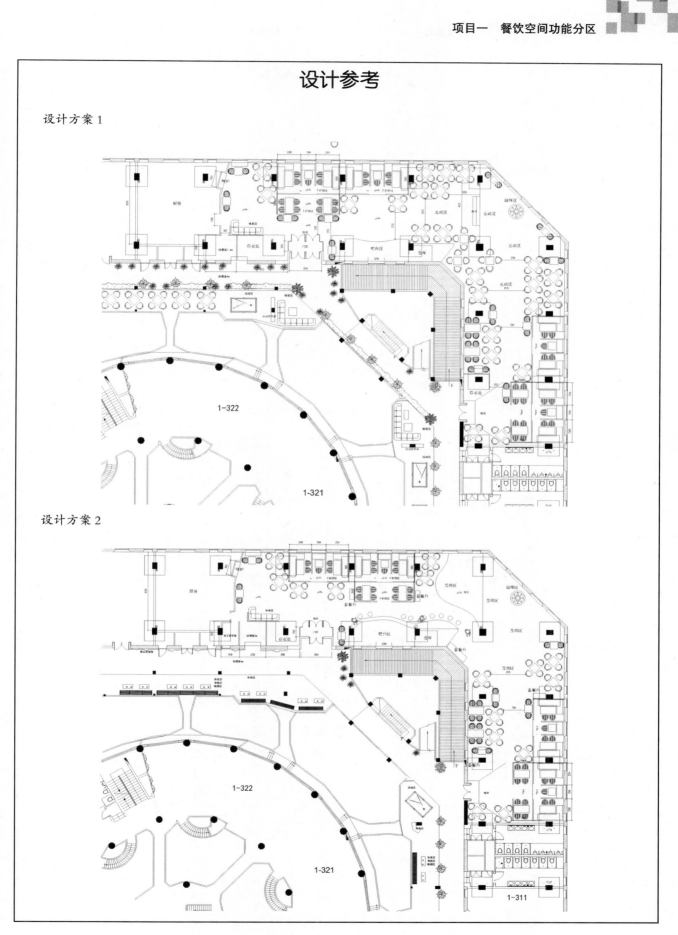

设计方案 2

设计方案3

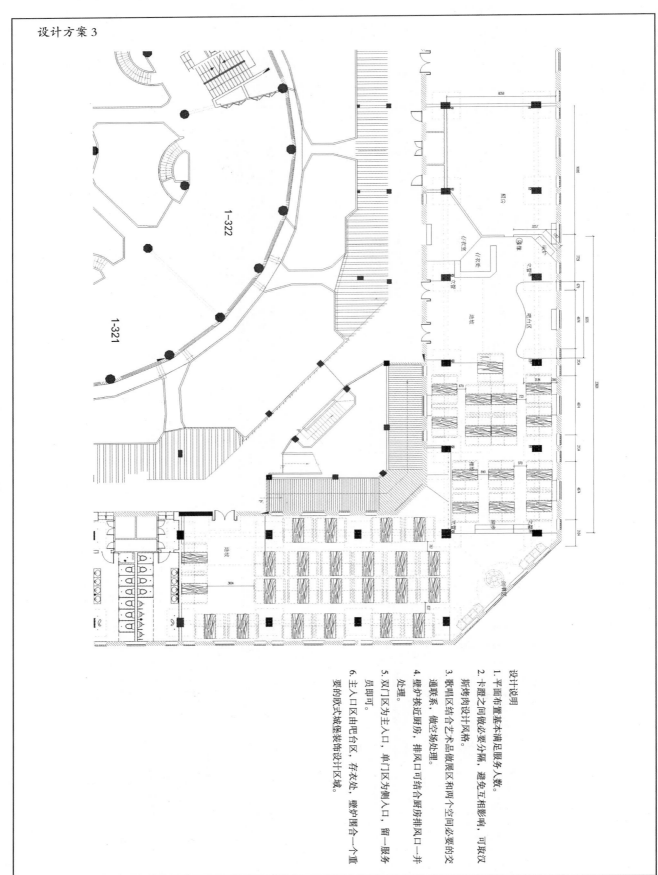

设计说明

1. 平面布置基本满足服务人数。

2. 卡座之间做必要分隔，避免互相影响，可取双斯烤肉设计风格。

3. 歌唱区结合艺术品做展区和两个空间必要的交通联系，做空场处理。

4. 壁炉挨近厨房，排风口可结合厨房排风口一并处理。

5. 双门区为主入口，单门区为侧入口，留一服务员即可。

6. 主入口区由吧台区，存衣处，壁炉围合一个重要的欧式城堡装饰设计区域。

项目二　餐厅空间的设备布置　　学时：18学时

一、项目导入

（一）设计项目

（1）某人投资在某市一处二层建筑内开一家海鲜酒店。

（2）建筑原始平面图如图2-1、图2-2所示。红色区域为酒店餐厅设备布置设计的区域，使用面积480m²，层高6m，周边分隔可封闭可通透，由设计者进行统一设计。

（3）甲方设计要求可参看附录的"设计要求"和"设计任务书"。

1. 酒店平面图

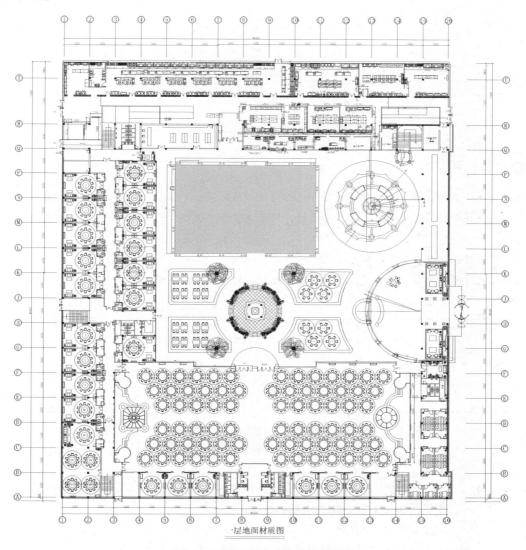

·层地面材质图

图2-1　海鲜大酒店功能分区平面图

2.设计平面图

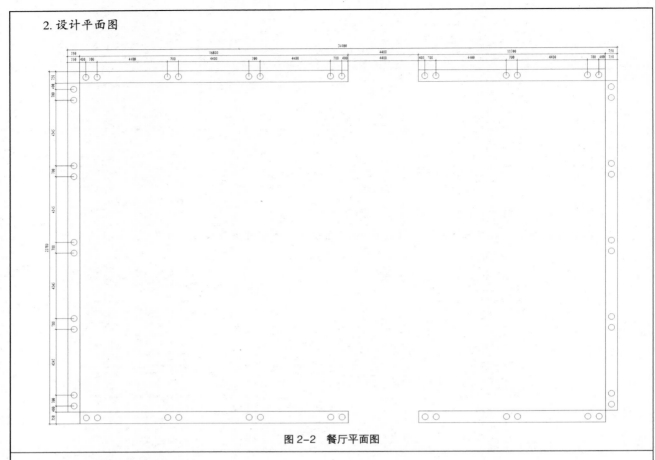

图2-2　餐厅平面图

（二）实训目标

通过餐厅设备布置项目设计，使学生对餐厅进行详细的内容设计，餐厅设备包括：地面设备、墙面设备、顶棚设备。餐厅布置设计项目即空间6个界面的设计，学生通过餐厅设备布置项目设计，学习掌握设计的规范、学习设计的理念。

学生通过项目设计了解餐厅设备布置考虑的因素。

餐厅设备布置考虑的内容很多，是设计的较为详细的设计部分，同时还要对交通路线的布置细心规划，最终形成精准的餐厅设备布置设计图

二、实训任务

分　　项	内　　容	建议学时
任务 2-1	餐厅平面设备布置及立面设计手绘草图。 通过手绘，对空间 6 个界面，即地面、4 个墙面和吊顶平面进行设计，绘制平面图、立面图、吊顶平面图，为下一步设计提供依据	8 学时
任务 2-2	餐厅平面设备布置及立面设计计算机绘图。 通过计算机 CAD 软件进行施工图绘制，对空间 6 个界面进行精细设计，绘制平面图、立面图、吊顶平面图。为下一步设计施工提供依据	6 学时

三、实训基础

学时：4 学时

参考文献：1. 教材；2. 室内设计资料集；3. 网络相关文件

实训方式：1. 阅读教材；2. 同学间交流；3. 师生座谈

思考的问题	提　　示
1. 中餐与餐饮空间应满足客人的什么需求？	（1）中餐菜品； （2）中餐菜品口味； （3）就餐中的娱乐活动； （4）其他需求
2. 西餐与餐饮空间应满足客人的什么需求？	（1）西餐菜品； （2）西餐菜品口味； （3）西餐就餐礼仪； （4）其他需求
3. 快餐与餐饮空间应满足客人的什么需求？	（1）就餐时间要求； （2）快餐的服务标准； （3）其他需求
4. 日餐与餐饮空间应满足客人的什么需求？	（1）日餐服务标准； （2）日餐的就餐方式； （3）其他需求
5. 海鲜与餐饮空间应满足客人的什么需求？	（1）海鲜菜品原材料展示； （2）酒店的服务标准； （3）其他需求
6. 自助餐与餐饮空间应满足客人的什么需求？	（1）就餐、取餐方式； （2）交通动线要求； （3）菜品提供区面积要求； （4）其他需求

思考的问题	提　示
7. 火锅与餐饮空间应满足客人的什么需求？	（1）室内温度、排气、排风； （2）餐饮文化的需求； （3）其他需求
8. 饮吧与餐饮空间应满足客人的什么需求？	（1）文化艺术需求； （2）视听环境氛围要求； （3）饮品的种类； （4）其他需求
9. 宴会厅餐饮空间功能分区应考虑哪些问题？	（1）宴会厅的空间规模； （2）宴会厅的就餐方式； （3）宴会厅就餐人数； （4）宴会厅服务设备； （5）其他需求
10 餐厅餐饮空间功能分区应考虑哪些问题？	（1）餐厅餐饮空间的服务； （2）餐厅餐饮空间就餐设备的布置； （3）餐厅餐饮空间景观的要求； （4）其他需求
11. 西餐厅餐饮空间功能分区应考虑哪些问题？	（1）西餐的服务方式； （2）西餐的就餐方式； （3）西餐的文化特征； （4）西餐的建筑风格； （5）其他需求
12. 其他	

四、任务 2-1　餐厅平面设备布置及立面设计手绘草图

学时：8 学时

（一）准备与要求

分　　项	内　　容
1. 实训前准备	A. 教师准备 （1）工具用品。包括：A3 打印纸、铅笔、碳素笔 0.38、橡皮、设计资料、计算机、计算机资料。 （2）教师要进行课前准备：熟悉设计平面图的细部尺寸、平面图空间的具体情况和建筑内外的情况等。 （3）教师要有较为明确的方案设计构思和较为完整成熟的设计方案，同时要有几种可能产生的设计方案的比对，并明确其利弊、优缺点。 （4）教师要熟悉设计要求和其他情况。 B. 学生准备 （1）设计实训基础理论的学习，相关内容资料的收集、学习。 （2）工具用品。包括：A3 打印纸、铅笔、橡皮、碳素笔 0.38、彩铅、马克笔、图板 A2、直尺或三角板、设计资料等。 （3）学生要熟悉平面图的细部尺寸，熟悉平面图空间的具体情况，建筑内外的情况。 （4）学生要熟悉设计要求和其他情况。 （5）进行餐饮空间社会实地现场调查，掌握第一手资料，为设计提供感性认识
2. 安全文明	（1）学生工作实训期间，不许大声询问、讨论、喧哗。使用工具时小心轻放，减少噪音。 （2）工具、衣物、包裹、书籍、用品等摆放要有秩序，不要乱堆乱放。 （3）工作中不能吃零食，不能做与设计无关的事
3. 参考资料	（1）《室内设计资料集》 （2）教材《餐饮空间设计》（任洪伟　主编） （3）《餐饮空间设计实训指导书》（任洪伟　主编）
4. 其他	后记

（二）实训内容

分　　项	内　　容
1. 选定餐厅服务的内容及设备，调整与修改	（1）餐厅设备：餐桌、餐椅、服务柜。 （2）餐厅自由选定的服务内容：餐区、歌舞区、服务区、存衣处、酒吧台、饮吧、卫生间、名品展区、文化展区、名人展区、设备室、仓储室等。 （3）餐厅自由选定的设备：吧台、圆桌、方桌、吧椅、椅子、凳子、屏风、花坛、花盆、卡凳、服务工作台、前台经理工作台、沙发等。 （4）学生应明确选择的理由

分　项	内　容
2.选定设备平面布置的位置，调整与修改	（1）空间序列反应顾客的消费活动的规律，合理的设计更人性化，更舒适，空间的布局既紧凑又科学合理。 （2）空间分割采用的方法？ （3）空间划分考虑的因素？ （4）顾客就餐模拟，进入—就座—卫生间—就座—观演—买单—出来一系列活动方便程度
3.选定餐厅设备的尺寸，调整与修改	（1）参考《室内设计资料集》 （2）参考教材《餐饮空间设计》（任洪伟　主编） （3）家具空间尺寸确定是否合理，是否符合设计规范，是否符合设计理念，是否符合餐饮设计特点

（三）实训步骤

分　项	内　容
1.实训引导	（1）分组：2～3人为一个小组，研究完成一个设计任务。 （2）方式：每人出一个方案，研究综合选定一个方案与教师交流。 （3）评价：方案得分由学生互评和教师评定综合确定
2.设计餐厅服务的内容及设备，调整与修改	（1）餐厅自由选定的服务内容：餐区、歌舞区、服务区、存衣处、酒吧台、饮吧、卫生间、名品展区、文化展区、名人展区、设备室、仓储室等。 （2）餐厅自由选定的设备：吧台、圆桌、方桌、吧椅、椅子、凳子、屏风、花坛、花盆、卡凳、服务工作台、前台经理工作台、沙发等

学生设计工作填写表 2-1

服务内容	选定的设备	同学最终确定 × 或 √

分　　项	内　　容		
设计遇到的问题			
3. 设计设备平面布置的位置，调整与修改	手绘进行平面功能分区位置设计确定，小组商定统一设计意见。每个同学分别绘制平面功能分区设计图（绘制图纸见书后插页Ⅲ） 学生设计工作填写表 2-2		
	绘图要求明确的内容	有	无
	①设备名称的标注文字		
	②服务说明		
设计遇到的问题			
4. 设计餐厅设备的尺寸，调整与修改	手绘进行餐厅设备尺寸设计确定，分别画图，细部尺寸确定，每个学生分别绘图，出最终图，评定成绩（绘制图纸见书后插页Ⅳ） 学生设计工作填写表 2-3		
	绘图要求明确的内容	有	无
	①空间内设备尺寸的标注数字		
	②空间内设备名称的标注文字		
设计遇到的问题			
5. 餐厅立面及吊顶平面图	手绘进行餐厅立面及吊顶平面图设计确定，细部尺寸确定，每个学生分别绘图，出最终图，评定成绩（绘制图纸见书后插页Ⅴ、Ⅵ） 学生设计工作填写表 2-4		
	绘图要求明确的内容	有	无
	①立面及吊顶尺寸的标注数字		
	②立面内设备尺寸的标注数字		
	③立面及吊顶名称的标注文字		
	④立面内设备名称的标注文字		
设计遇到的问题			

（四）考核　　　　　　　　　　　　　　　　　　　　　　　　　　　**满分 16 分**

分　项	内　　容		
	设备	同学评定 × 或 √	教师评定
1. 选定设备 4 分			
		评分	评分
2. 位置确定 4 分	评定		评分
3. 尺寸确定 4 分	评定		评分
4. 立面及吊顶 4 分	评定		评分
合计			评分

五、任务 2-2　餐厅平面设备布置及立面设计计算机绘图　学时：6 学时

（一）准备与要求

分　　项	内　　容
1. 实训前准备	A. 教师准备 （1）计算机、CAD 绘图软件及技术。 （2）教师要熟悉平面图的细部尺寸、平面图空间的具体情况和建筑内外的情况；要有较为明确的方案设计构思和较为完整成熟的设计方案，同时要有几种可能产生的设计方案，并明确其利弊、优缺点。 （3）教师要熟悉设计要求和其他情况。 B. 学生准备 （1）计算机、CAD 绘图软件及绘图技术、制图原理。 （2）学生要熟悉平面图的细部尺寸，熟悉平面图空间的具体情况，建筑内外的情况。 （3）学生要熟悉设计要求和其他情况
2. 安全文明	（1）学生工作实训期间，不许大声询问、讨论、喧哗。使用工具时小心轻放，减少噪音。 （2）工具、衣物、包裹、书籍、用品等摆放要有秩序，不要乱堆乱放。 （3）工作中不能吃零食，不能做与设计无关的事
3. 参考资料	（1）《CAD 电脑绘图技术》 （2）《室内设计资料集》 （3）教材《餐饮空间设计》（任洪伟　主编） （4）《室内制图原理》
4. 其他	后记

（二）实训内容

分　　项	内　　容
1. 平面绘图	按手绘的平面设备布置平面图、吊顶平面图、立面图，进行 CAD 计算机绘图，绘图按照建筑制图规范绘制
2. 尺寸标注	空间尺寸、设备尺寸细部标注尺寸数字
3. 名称标注	空间名称、设备名称标注文字

（三）实训步骤

分　项	内　容
1. 检查计算机设备及软件，进行工作前调试及设定	（1）制图计算机检查及绘图软件桌面设定。 （2）进行保存文件设定，保存为 CAD2004 版。 （3）进行图纸设定 A2 图框。 （4）其他
2. 制图	按手绘设计方案绘制平面功能分区平面图
3. 交流修改调整设计	（1）交流设计创意，教师指出设计的不足之处。 （2）细部绘图调整比手绘图设计尺寸更加精确，手绘没有发现的问题通过计算机绘图暴露明显，要调整，而有些内容还需要重新设计确定。 （3）其他
4. 完善制图	文字、尺寸标注，细部尺寸确定调整
5. 其他	

（四）考核　　　　　　　　　　　　　　　　　　　　　满分9分

分　项	内　容		
1. 绘图 3分	评定		评分
2. 名称标注 3分	评定		评分
3. 尺寸标注 3分	评定		评分
合计			评分

设计参考

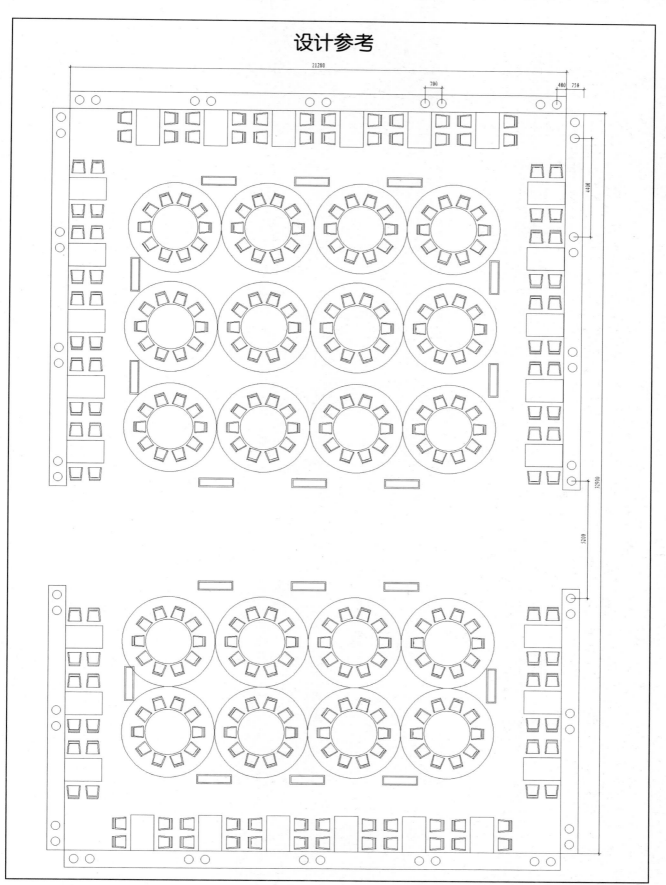

项目三　现代风格餐饮空间艺术设计　　学时：28 学时

一、项目导入

（一）设计项目

装饰设计公司承揽了一项餐饮酒店设计项目，前期功能分区设计已经完成并通过确认，现把餐饮酒店内部的设计任务进行分配，设计师进行现代风格的室内设计。艺术设计是室内设计的重要方面，设计的重点是餐饮区各楼层的包间室内装饰设计。包间分为标准间、豪华间，标准间使用面积为 20～40m²，豪华间使用面积为 40～150m²，层高均为 3m。

平面图由教师给定，由学生绘于以下空白处。

（二）实训目标

通过现代风格项目设计，使学生对现代风格餐饮空间艺术设计项目有一个实践实训的练习，通过真实工程项目的艺术设计，学习设计方法，了解设计操作过程，明确设计思考的各方面因素，对餐饮空间艺术设计有明确的认识，对项目的设计成果、餐饮设计岗位工作要求及水准有一个明确的认识。

学生通过现代风格餐饮空间艺术设计项目实践，培养学生全面的岗位工作综合能力，培养良好的服务及职业道德规范

二、实训任务

分　项	内　　容	建议学时
任务 3-1	方案设计界面及节点手绘草图（现代风格）。 通过手绘，对空间 6 个界面（即地面、4 个墙面、吊顶平面）的节点进行设计，绘制平面图、立面图、吊顶平面图、节点详图。为下一步设计提供依据	6 学时
任务 3-2	方案设计效果图手绘草图（现代风格）。 通过手绘，对空间 6 个界面的设计通过透视的原理，绘制出室内效果图，效果图只要是反映设计者的艺术设计效果，为下一步的模拟 3D 电脑效果图的制作设计提供依据	6 学时
任务 3-3	方案设计界面及节点 CAD 计算机绘图。 通过计算机 CAD 软件进行施工图绘制，对空间 6 个界面即地面、4 个墙面、吊顶平面、节点进行精细设计，电脑绘制平面图、立面图、吊顶平面图、节点详图。为下一步设计施工提供依据	6 学时
任务 3-4	方案设计效果图 3D 计算机绘图。 通过计算机 3D 软件进行效果图制作，把空间 6 个界面的设计通过 3D 软件建模、渲染，绘制出室内电脑效果图。效果图主要是反映设计者的艺术设计效果，为设计投标评选提供依据	6 学时

三、实训基础
学时：4 学时

参考文献：1. 教材；2. 室内设计资料集；3. 网络相关文件	
实训方式：1. 阅读教材；2. 同学间交流；3. 师生座谈	
思考的问题	提　　示
1. 什么是现代设计风格？	（1）现代风格的起源； （2）现代风格的特征

思考的问题	提 示
2. 设计为什么必须充分体现人性化理念?	（1）服务的对象； （2）人的物质和精神方面的需要
3. 设计为什么必须充分体现实用性理念?	（1）服务的对象； （2）人的物质和精神方面的需要
4. 设计为什么必须充分体现超前性理念?	（1）社会的发展； （2）国际化的趋势
5. 设计为什么要充分体现经济性理念?	（1）商业行为； （2）环保节能
6. 设计为什么要充分体现艺术性?	（1）艺术与文化； （2）服务的标准； （3）价值的提升
7. 设计为什么要满足使用功能的要求?	（1）商业行为； （2）人的物质和精神需求； （3）设备需求
8. 设计为什么要满足精神功能的要求?	（1）艺术与文化； （2）服务的标准； （3）价值的提升

思考的问题	提　　示
9. 设计为什么要满足技术功能的要求？	（1）材料、色彩对人的心理感受； （2）现代化的人工环境
10. 设计为什么具有独特个性的要求？	（1）人内心深处的求新需求； （2）行业的发展
11. 设计为什么要满足顾客目标导向的要求？	（1）行业特征； （2）商业特点
12. 设计为什么要满足适应性的要求？	（1）人文环境、社会环境、经济环境的影响； （2）地区特点
13. 什么是餐饮空间艺术设计？	
14. 餐饮空间艺术设计有哪些特点？	
15. 设计全面的思维能力如何培养？	
16. 其他	

四、任务 3-1　方案设计界面及节点手绘草图（现代风格）　学时：6学时

（一）准备与要求

分　项	内　容
1. 实训前准备	A. 教师准备 （1）工具用品。包括：A3打印纸、铅笔、碳素笔0.38、橡皮、设计资料、计算机、计算机资料。 （2）教师要进行课前准备：熟悉设计平面图的细部尺寸；熟悉平面图空间的具体情况；熟悉建筑内外的情况等。 （3）教师要有较为明确的方案设计构思，和较为完整成熟的设计方案，同时要有几种可能产生的设计方案的比对，并明确其利弊、优缺点。 （4）教师要熟悉设计要求和其他情况。 B. 学生准备 （1）设计实训基础理论的学习，相关内容资料的收集、学习。 （2）工具用品。包括：A3打印纸、铅笔、橡皮、碳素笔0.38、彩铅、马克笔、图板A2、直尺或三角板、设计资料等。 （3）学生要熟悉平面图的细部尺寸、平面图空间的具体情况和建筑内外的情况。 （4）学生要熟悉设计要求和其他情况。 （5）进行餐饮空间社会实地现场调查，掌握第一手资料，为设计提供感性认识
2. 安全文明	（1）学生工作实训期间，不许大声询问、讨论、喧哗。使用工具时小心轻放，减少噪音。 （2）工具、衣物、包裹、书籍、用品等摆放要有秩序，不要乱堆乱放。 （3）工作中不能吃零食，不能做与设计无关的事
3. 参考资料	（1）《室内设计资料集》 （2）教材《餐饮空间设计》（任洪伟　主编） （3）《餐饮空间设计实训指导书》（任洪伟　主编）
4. 其他	后记

（二）实训内容

分　项	内　容
1. 设计空间的内容	（1）每人必须设计的内容：酒店标准包间。 （2）每人选定以下一个空间进行设计：门厅、走廊、酒店豪华包间
2. 方案设计界面图及节点手绘草图（现代风格），调整与修改	（1）绘制4个立面图、平面图、吊顶平面图及节点图，学生进行手绘草图设计。 （2）4个立面图、节点图绘制在一张A3打印纸上，平面图、吊顶平面图绘制在一张A3打印纸上。 （3）设计考虑的因素是什么
3. 界面图及节点手绘草图标注名称、尺寸	（1）参考《室内设计资料集》 （2）参考教材《餐饮空间设计》（任洪伟　主编） （3）家具空间尺寸确定是否合理，是否符合设计规范，是否符合设计理念，是否符合餐饮设计特点

（三）实训步骤

分　　项	内　　容
1. 实训引导	（1）分组：2 ~ 3人为一个小组，研究完成一个设计任务。 （2）方式：每人出一个方案，研究综合选定一个方案与教师交流。 （3）评价：方案得分由学生互评和教师评定综合确定
2. 设计空间的内容及设备，调整与修改	选定酒店标准包间的设备提示：吧台、圆桌、方桌、吧椅、椅子、凳子、屏风、花坛、花盆、卡凳、服务工作台、前台经理工作台、沙发等 学生设计工作填写表 3-1

服务内容	选定的设备	同学最终确定 × 或 √

设计遇到的问题

3. 设计：选定设备平面布置的位置，设备的尺寸，调整与修改	手绘进行酒店标准包间平面位置设计、餐厅设备尺寸设计确定，小组商定统一设计意见。每个同学分别绘制平面功能分区设计图 学生设计工作填写表 3-2

绘图要求明确的内容：	有	无
①设备名称的标注文字		
②设备尺寸的标注数字		

设计遇到的问题

学生设计绘图在以下实训页内

酒店标准包间平面图

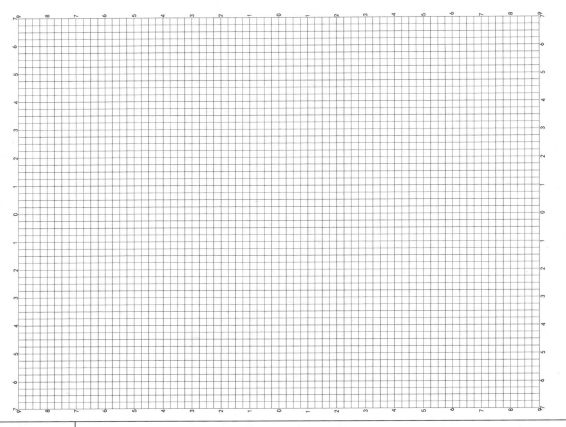

手绘，进行餐厅立面及吊顶平面图设计确定、细部尺寸确定，每个学生分别绘图，出最终图，评定成绩

学生设计工作填写表3-3

	绘图要求明确的内容：	有	无
4.设计餐厅立面及吊顶平面图	①立面及吊顶尺寸的标注数字		
	②立面内设备尺寸的标注数字		
	③立面及吊顶名称的标注文字		
	④立面内设备名称的标注文字		

设计遇到的问题

学生设计绘图在以下实训页内

（现代风格）酒店标准包间立面 1

（现代风格）酒店标准包间立面 2

（现代风格）酒店标准包间立面 3

（现代风格）酒店标准包间立面 4

学生设计绘图在以下实训页内

（现代风格）酒店标准包间吊顶平面设计图

选定空间设计平面图

学生设计绘图在以下实训页内

（现代风格）选定空间设计立面 1

（现代风格）选定空间设计立面 2

（现代风格）选定空间设计立面 3

（现代风格）选定空间设计立面 4

学生设计绘图在以下实训页内

选定空间设计吊顶平面图

（四）考核 满分 16 分

分 项	内 容		
	设备	同学评定 × 或 √	教师评定
1. 选定设备 4分			
2. 位置确定 4分	评定		评分

分　项	内　容	
3.尺寸确定 4分	评定	评分
4.立面及吊顶 4分	评定	评分
合计		评分

五、任务 3-2　方案设计效果图手绘草图（现代风格）　　学时：6 学时

（一）准备与要求

分　项	内　容
1.实训前准备	A.教师准备 （1）工具用品。包括：A3 打印纸、铅笔、橡皮、设计资料、计算机、有关资料。 （2）教师要有熟练地手绘技法，教师要有较为明确的方案设计构思和较为完整成熟的设计方案。 B.学生准备 （1）工具用品。包括：A3 打印纸、铅笔、橡皮、碳素笔、彩铅、马克笔、图板、直尺、设计资料、计算机资料等。 （2）学生要熟悉手绘效果图技法，熟悉绘画工具的使用。 （3）学生要熟悉设计要求和其他情况
2.安全文明	（1）学生工作期间不许大声询问、讨论、喧哗。使用工具时小心轻放，减少噪音。 （2）工具摆放要有秩序，不要乱堆乱放。 （3）工作中不能吃食品，不能做与设计无关的事
3.参考资料	（1）《室内设计资料集》 （2）教材《餐饮空间设计》（任洪伟　主编） （3）《餐饮空间设计实训指导书》（任洪伟　主编）
4.其他	后记

（二）实训内容

分 项	内 容
1. 图面限定	（1）手绘效果图使用 A3 打印纸绘画。 （2）图面有效面积占纸面的 4/5 居中。 （3）用铅笔起稿
2. 碳素笔定稿	（1）用碳素笔进行手绘效果图定稿绘图，线型优美，使用 0.3～0.5 的黑色碳素笔。 （2）作必要的明暗处理。 （3）作必要的线型处理
3. 色彩填涂	（1）彩铅填涂。 （2）马克笔填涂。 （3）其他彩色填涂。 （4）设计主要表现的部分要精细绘画

（三）实训步骤

分 项	内 容
1. 图面限定	（1）分组：2～3 人为一个小组，研究完成一个设计任务。 （2）方式：每人出一个方案，研究综合选定一个方案与教师交流。 （3）评价：方案得分由学生互评和教师评定综合确定
2. 碳素笔定稿	（1）参考《手绘技法》教材。 （2）透视要准确。 （3）可使用必要的工具。 （4）设计主要表现的部分要精细绘画
3. 色彩填涂	（1）参考《手绘技法》教材。 （2）色彩要层次分明，透视要准确。 （3）可使用不同的着色技法，达到最佳的艺术效果。 （4）设计主要表现的部分要精细绘画

（四）考核　　　　　　　　　　　　　　　　　　　　　　　　满分 12 分

分 项	评定	评分
1. 图面限定 　　3 分		

分　项	内　容	
2. 碳素笔定稿 3分	评定	评分
3. 色彩填涂 3分	评定	评分
4. 综合 3分	评定	评分
合计		评分

六、任务 3-3　方案设计界面及节点 CAD 计算机绘图　　学时：6学时

（一）准备与要求

分　项	内　容
1. 实训前准备	A. 教师准备 （1）计算机 CAD 绘图软件及技术。 （2）教师要熟悉平面图的细部尺寸、平面图空间的具体情况和建筑内外的情况；教师要有较为明确的方案设计构思和较为完整成熟的设计方案，同时要有几种可能产生的设计方案，并明确其利弊、优缺点。 （3）教师要熟悉设计要求和其他情况。 B. 学生准备 （1）计算机、CAD 绘图软件及绘图技术，制图原理。 （2）学生要熟悉平面图的细部尺寸，熟悉平面图空间的具体情况，建筑内外的情况。 （3）学生要熟悉设计要求和其他情况

分　项	内　容
2. 安全文明	（1）学生工作实训期间，不许大声询问、讨论、喧哗。使用工具时小心轻放，减少噪音。 （2）工具、衣物、包裹、书籍、用品等摆放要有秩序，不要乱堆乱放。 （3）工作中不能吃零食，不能做与设计无关的事
3. 参考资料	（1）《CAD 电脑绘图技术》 （2）《室内设计资料集》 （3）教材《餐饮空间设计》（任洪伟　主编） （4）《室内制图原理》
4. 其他	后记

（二）实训内容

分　项	内　容
1. 平面绘图	按手绘的平面功能分区平面图，进行 CAD 计算机绘图，绘图按照建筑制图规范绘制
2. 尺寸标注	空间尺寸、设备尺寸标注数字
3. 名称标注	空间名称、设备名称标注文字

（三）实训步骤

分　项	内　容
1. 检查计算机设备及软件，进行工作前调试及设定	（1）制图计算机检查及绘图软件桌面设定。 （2）进行保存文件设定，保存为 CAD2004 版。 （3）进行图纸设定 A2 图框。 （4）其他
2 制图	按手绘设计方案绘制平面功能分区平面图
3. 交流修改调整设计	（1）交流设计创意，教师指出设计的不足之处。 （2）细部绘图调整比手绘图设计尺寸更加精确，手绘没有发现的问题通过计算机绘图暴露明显，要调整，而有些内容还需要重新设计确定。 （3）其他
4. 完善制图	文字、尺寸标注，细部尺寸确定调整
5. 其他	

（四）考核　　　　　　　　　　　　　　　　　　　　　　　　满分 9 分

分　项	内　容	
1. 绘图 3分	评定	评分
2. 名称标注 3分	评定	评分
3. 尺寸标注 3分	评定	评分
合计		评分

七、任务 3-4　方案设计效果图 3D 计算机绘图

（一）准备与要求

分　项	内　容
1. 实训前准备	A. 教师准备 （1）计算机、3D 绘图软件及技术。 （2）教师要熟悉设计要求和其他情况。 B. 学生准备 （1）计算机、3D 绘图软件及绘图技术。 （2）学生要熟悉平面图的细部尺寸，熟悉平面图空间的具体情况，建筑内外的情况。 （3）学生要熟悉设计要求和其他情况

分　项	内　　容
2. 安全文明	（1）学生工作期间不许大声询问、讨论、喧哗。使用工具时小心轻放，减少噪音。 （2）工具摆放要有秩序，不要乱堆乱放。 （3）工作中不能吃食品，不能做与设计无关的事
3. 参考资料	（1）《3D 效果图技法》 （2）教材《餐饮空间设计》（任洪伟　主编） （3）《餐饮空间设计实训指导书》（任洪伟　主编）
4. 其他	

（二）实训内容

分　项	内　　容
1. 3D 建模	按手绘的平面、立面、吊顶平面图进行 3D 计算机建模
2. 材质贴图	模型进行材质贴图
3. 灯光设定	空间加灯光，进行设定参数
4. 效果图渲染	使用相应渲染软件进行效果图渲染
5. 后期处理 PS	应用 PS 软件进行效果图后期处理

（三）实训步骤

分　项	内　　容
1. 3D 建模	（1）建模桌面设定。 （2）进行保存文件设定，保存为 3D 文件。 （3）进行长度单位设定为 mm
2. 材质贴图	从材质库中选择备用文件，集中在一个文件夹内，便于使用，便于调整
3. 灯光设定	建议使用灯光模型材质
4. 效果图渲染	渲染期间进行设计思考，进行设计说明编写
5. 后期处理 PS	电子文件单张图片原大应在 300dpi 以上，颜色模式 CMYK
6. 其他	

（四）考核

满分9分

分　项	内　容	
1. 空间设计 3分	评定	评分
2. 3D效果图 3分	评定	评分
3. 后期处理 3分	评定	评分
4. 综合	评定	评分
合计		评分

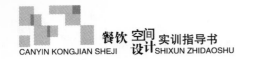
项目四　中式风格餐饮空间艺术设计　学时：28 学时

一、项目导入

（一）设计项目

装饰设计公司承揽了一项餐饮酒店设计项目，前期功能分区设计已经完成并通过确认，现把餐饮酒店内部的设计任务进行分配，请设计师进行中式风格的室内装饰设计。艺术设计是室内设计的重要方面，设计的重点是餐饮区各楼层的包间设计。包间分为标准间、豪华间，标准间使用面积为 20 ～ 40m²，豪华间使用面积为 40 ～ 150m²，层高均为 3m。

平面图由教师给定，由学生绘于以下空白处。

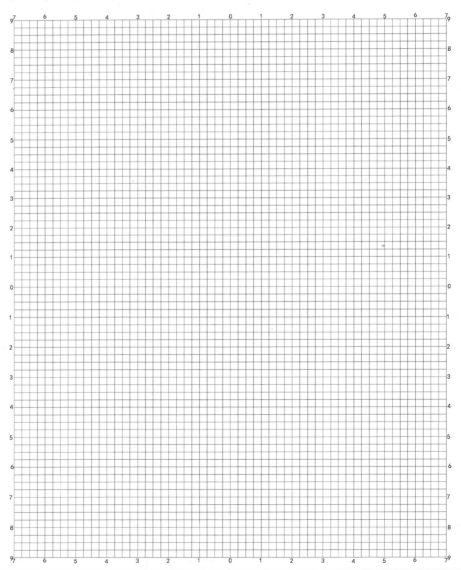

（二）实训目标

通过中式风格项目设计，使学生对中式风格餐饮空间艺术设计项目有一个实践实训的练习，通过真实工程项目的艺术设计，学习设计方法，了解设计操作过程，明确设计思考的各方面因素，对餐饮空间艺术设计有明确的认识，对项目的设计成果、餐饮设计岗位工作要求及水准有一个明确的认识。

学生通过中式风格餐饮空间艺术设计项目实践，培养学生全面的岗位工作综合能力，培养良好的服务及职业道德规范。

二、实训任务

分项	内　　容	建议学时
任务4-1	方案设计界面及节点手绘草图（中式风格）。 通过手绘，对空间6个界面（即地面、4个墙面、吊顶平面）、节点进行设计，绘制平面图、立面图、吊顶平面图、节点详图。为下一步设计提供依据	6学时
任务4-2	方案设计效果图手绘草图（中式风格）。 通过手绘，对空间6个界面的设计通过透视的原理，绘制出室内效果图，效果图只要是反映设计者的艺术设计效果，为下一步的模拟3D计算机效果图的制作设计提供依据	6学时
任务4-3	方案设计界面及节点CAD电脑绘图。 通过计算机CAD软件进行施工图绘制，对空间6个界面节点进行精细设计，计算机绘制平面图、立面图、吊顶平面图、节点详图，为下一步设计施工提供依据	6学时
任务4-4	方案设计效果图3D计算机绘图。 通过3D软件进行效果图制作，把空间6个界面的设计通过3D软件建模、渲染，绘制出室内计算机效果图，效果图主要是反映设计者的艺术设计效果，为设计投标评选提供依据	6学时

三、实训基础

学时：4学时

参考文献：1.教材；2.室内设计资料集；3.网络相关文件	
实训方式：1.阅读教材；2.同学间交流；3.师生座谈	
思考的问题	提　　示
1.什么是中式设计风格？	（1）中华文化地域特征； （2）文化与建筑的形象特征

思考的问题	提　　示
2. 内部设计的基本原则是什么?	（1）空间特征; （2）空间的完善; （3）人的活动
3. 外观设计的基本原则是什么?	
4. 空间设计要点有哪些?	
5. 空间界面设计应注意的问题有哪些?	
6. 空间细节的打造应注意的问题是什么?	（1）安全、舒适; （2）文化与艺术; （3）材料与色彩
7. 餐厅光环境设计应注意的问题是什么?	（1）自然光的选用; （2）人造光的使用
8. 餐厅景观的设计应注意的问题是什么?	（1）水景; （2）绿化; （3）装饰小品

思考的问题	提　　示
9. 餐厅的材料设计应注意的问题是什么？	（1）材料的艺术特点； （2）材料的物理特性对人的心理感受
10. 餐厅的陈设设计应注意的问题是什么？	（1）装饰性； （2）文化性； （3）功能性
11. 餐厅的构成形式有哪些？	（1）平面构成； （2）空间构成
12. 商业餐饮空间的主题特性有哪些？	
13. 商业餐饮空间主题的分类与营造方法有哪些？	
14. 其他	

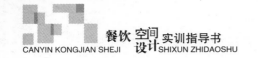

四、任务 4-1　方案设计界面及节点手绘草图（中式风格）　　学时：6 学时

（一）准备与要求

分　项	内　容
1. 实训前准备	A. 教师准备 （1）工具用品。包括：A3 打印纸、铅笔、碳素笔 0.38、橡皮、设计资料、计算机、计算机资料。 （2）教师要进行课前准备：熟悉设计平面图的细部尺寸；熟悉平面图空间的具体情况；熟悉建筑内外的情况等。 （3）教师要有较为明确的方案设计构思，和较为完整成熟的设计方案，同时要有几种可能产生的设计方案的比对，并明确其利弊、优缺点。 （4）教师要熟悉设计要求和其他情况。 B. 学生准备 （1）设计实训基础理论的学习，相关内容资料的收集、学习。 （2）工具用品。包括：A3 打印纸、铅笔、橡皮、碳素笔 0.38、彩铅、马克笔、图板 A2、直尺或三角板、设计资料等。 （3）学生要熟悉平面图的细部尺寸，熟悉平面图空间的具体情况，建筑内外的情况。 （4）学生要熟悉设计要求和其他情况。 （5）进行餐饮空间社会实地现场调查，掌握第一手资料，为设计提供感性认识
2. 安全文明	（1）学生工作实训期间，不许大声询问、讨论、喧哗。使用工具时小心轻放，减少噪音。 （2）工具、衣物、包裹、书籍、用品等摆放要有秩序，不要乱堆乱放。 （3）工作中不能吃零食，不能做与设计无关的事
3. 参考资料	（1）《室内设计资料集》 （2）教材《餐饮空间设计》（任洪伟　主编） （3）《餐饮空间设计实训指导书》（任洪伟　主编）
4 其他	后记

（二）实训内容

分　项	内　容
1. 设计空间的内容	（1）每人必须设计的内容：酒店标准包间。 （2）每人选定以下一个空间进行设计：门厅、走廊、酒店豪华包间
2. 方案设计界面图及节点手绘草图（中式风格），调整与修改	（1）绘制 4 个立面图、平面图、吊顶平面图及节点图，学生进行手绘草图设计。 （2）4 个立面图、节点图绘制在一张 A3 打印纸上，平面图、吊顶平面图绘制在一张 A3 打印纸上。 （3）设计考虑的因素

分　　项	内　　容
3.界面图及节点手绘草图标注名称、尺寸	（1）参考《室内设计资料集》。 （2）参考教材《餐饮空间设计》（任洪伟　主编）。 （3）家具空间尺寸确定是否合理，是否符合设计规范，是否符合设计理念，是否符合餐饮设计特点

（三）实训步骤

分　　项	内　　容
1.实训引导	（1）分组：2～3人为一个小组，研究完成一个设计任务。 （2）方式：每人出一个方案，研究综合选定一个方案与教师交流。 （3）评价：方案得分由学生互评和教师评定综合确定
2.设计空间的内容及设备，调整与修改	选定酒店标准包间的设备提示：吧台、圆桌、方桌、吧椅、椅子、凳子、屏风、花坛、花盆、卡凳、服务工作台、前台经理工作台、沙发等 学生设计工作填写表4-1 表格见下

学生设计工作填写表4-1

服务内容	选定的设备	同学最终确定 × 或 √

设计遇到的问题

分　　项	内　　容
3.设计：选定设备平面布置的位置，设备的尺寸，调整与修改	手绘进行酒店标准包间平面位置设计、餐厅设备尺寸设计确定，小组商定统一设计意见。每个同学分别绘制平面功能分区设计图 学生设计工作填写表4-2

学生设计工作填写表4-2

绘图要求明确的内容：	有	无
①设备名称的标注文字		
②设备尺寸的标注数字		

设计遇到的问题

学生设计绘图在以下实训页内

酒店标准包间平面图

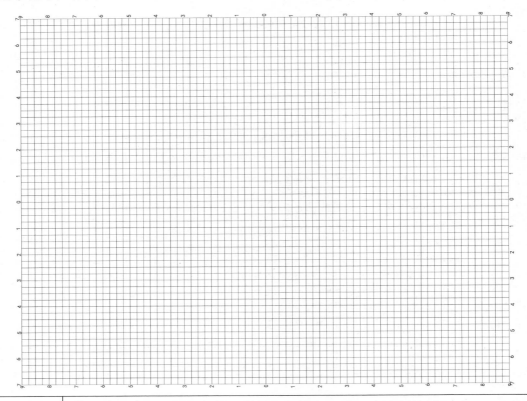

手绘进行餐厅立面及吊顶平面图设计确定，细部尺寸确定，每个学生分别绘图，出最终图，评定成绩

学生设计工作填写表 4-3

4. 设计餐厅立面及吊顶平面图	绘图要求明确的内容：	有	无
	①立面及吊顶尺寸的标注数字		
	②立面内设备尺寸的标注数字		
	③立面及吊顶名称的标注文字		
	④立面内设备名称的标注文字		
设计遇到的问题			

学生设计绘图在以下实训页内

（中式风格）酒店标准包间立面1

（中式风格）酒店标准包间立面2

（中式风格）酒店标准包间立面3

（中式风格）酒店标准包间立面4

学生设计绘图在以下实训页内

（中式风格）酒店标准包间吊顶平面设计图

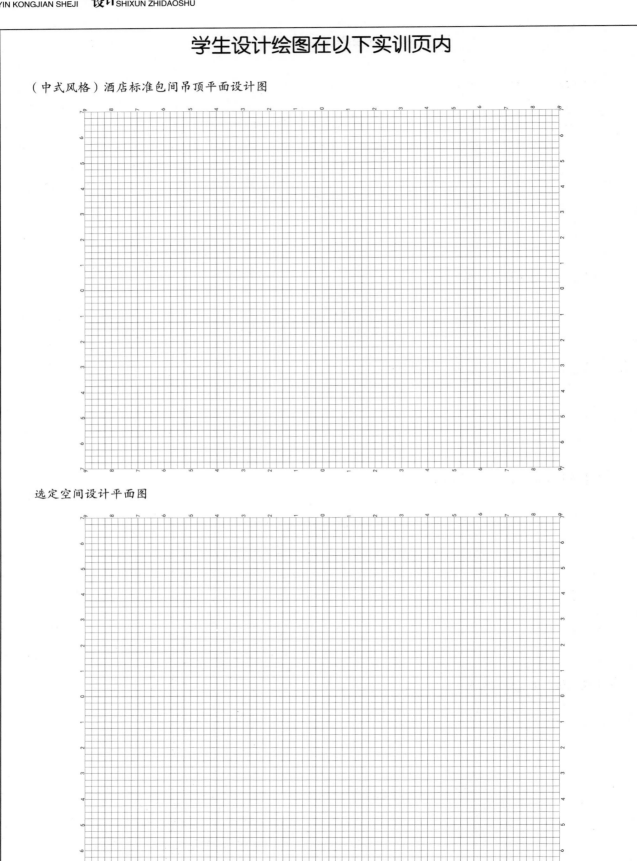

选定空间设计平面图

学生设计绘图在以下实训页内

（中式风格）选定空间设计立面 1

（中式风格）选定空间设计立面 2

（中式风格）选定空间设计立面 3

（中式风格）选定空间设计立面 4

选定空间设计吊顶平面图

（四）考核   满分 16 分

分　　项	内　　容		
	设备	同学评定 × 或 √	教师评定
1. 选定设备 4 分			
	评定		评分
2. 位置确定 4 分			

分　项	内　容	
3. 尺寸确定 4 分	评定	评分
4. 立面及吊顶 4 分	评定	评分
合计		评分

五、任务 4-2　方案设计效果图手绘草图（中式风格）　　　学时：6 学时

（一）准备与要求

分　项	内　容
1. 实训前准备	A. 教师准备 （1）工具用品。包括：A3 打印纸、铅笔、橡皮、设计资料、计算机资料。 （2）教师要有熟练地手绘技法，教师要有较为明确的方案设计构思和较为完整成熟的设计方案。 B. 学生准备 （1）工具用品。包括：A3 打印纸、铅笔、橡皮、碳素笔、彩铅、马克笔、图板、直尺、设计资料、计算机等。 （2）学生要熟悉手绘效果图技法，熟悉绘画工具的使用。 （3）学生要熟悉设计要求和其他情况
2. 安全文明	（1）学生工作期间不许大声询问、讨论、喧哗。使用工具时小心轻放，减少噪音。 （2）工具摆放要有秩序，不要乱堆乱放。 （3）工作中不能吃食品，不能做与设计无关的事
3. 参考资料	（1）《室内设计资料集》 （2）教材《餐饮空间设计》（任洪伟　主编） （3）《餐饮空间设计实训指导书》（任洪伟　主编）
4. 其他	后记

（二）实训内容

分　项	内　容
1. 图面限定	（1）手绘效果图使用 A3 打印纸绘画。 （2）图面有效面积占纸面的 4/5 居中。 （3）用铅笔起稿
2. 碳素笔定稿	（1）用碳素笔进行手绘效果图定稿绘图，线型优美，使用 0.3～0.5 的黑色碳素笔。 （2）作必要的明暗处理。 （3）作必要的线型处理
3. 色彩填涂	（1）彩铅填涂。 （2）马克笔填涂。 （3）其他彩色填涂。 （4）设计主要表现的部分要精细绘画

（三）实训步骤

分　项	内　容
1. 图面限定	（1）分组：2～3 人为一个小组，研究完成一个设计任务。 （2）方式：每人出一个方案，研究综合选定一个方案与教师交流。 （3）评价：方案得分由学生互评和教师评定综合确定
2. 碳素笔定稿	（1）参考《手绘技法》教材。 （2）透视要准确。 （3）可使用必要的工具。 （4）设计主要表现的部分要精细绘画
3. 色彩填涂	（1）参考《手绘技法》教材。 （2）色彩要层次分明，透视要准确。 （3）可使用不同的着色技法，达到最佳的艺术效果。 （4）设计主要表现的部分要精细绘画

（四）考核　　　　　　　　　　　　　　　　　　　　　　　满分 12 分

分　项	内　容	
	评定	评分
1. 图面限定 　　3 分		

分　项	内　容	
2.碳素笔定稿 3分	评定	评分
3.色彩填涂 3分	评定	评分
4.综合 3分	评定	评分
合计		评分

六、任务 4-3　方案设计界面及节点 CAD 计算机绘图　　学时：6 学时

（一）准备与要求

分　项	内　容
1.实训前准备	A.教师准备 （1）计算机 CAD 绘图软件及绘图技术。 （2）教师要熟悉平面图的细部尺寸、平面图空间的具体情况和建筑内外的情况；教师要有较为明确的方案设计构思和较为完整成熟的设计方案，同时要有几种可能产生的设计方案，并明确其利弊、优缺点。 （3）教师要熟悉设计要求和其他情况。 B.学生准备 （1）计算机、CAD 绘图软件及绘图技术、制图原理。 （2）学生要熟悉平面图的细部尺寸、平面图空间的具体情况和建筑内外的情况。 （3）学生要熟悉设计要求和其他情况
2.安全文明	（1）学生工作实训期间，不许大声询问、讨论、喧哗。使用工具时小心轻放，减少噪音。 （2）工具、衣物、包裹、书籍、用品等摆放要有秩序，不要乱堆乱放。 （3）工作中不能吃各种食品或零食，不能做与设计无关的事

分 项	内 容
3. 参考资料	（1）《CAD 电脑绘图技术》 （2）《室内设计资料集》 （3）教材《餐饮空间设计》（任洪伟　主编） （4）《室内制图原理》
4. 其他	后记

（二）实训内容

分 项	内 容
1. 平面绘图	按手绘的平面功能分区平面图，进行 CAD 计算机绘图，绘图按照建筑制图规范绘制
2. 尺寸标注	空间尺寸、设备尺寸标注数字
3. 名称标注	空间名称、设备名称标注文字

（三）实训步骤

分 项	内 容
1. 检查计算机设备及软件，进行工作前调试及设定	（1）制图计算机检查及绘图软件桌面设定。 （2）进行保存文件设定，保存为 CAD2004 版。 （3）进行图纸设定 A2 图框。 （4）其他
2. 制图	按手绘设计方案绘制平面功能分区平面图
3. 交流修改调整设计	（1）交流设计创意，教师指出设计的不足之处。 （2）细部绘图调整比手绘图设计尺寸更加精确，手绘没有发现的问题通过计算机绘图暴露明显，要调整，而有些内容还需要重新设计确定。 （3）其他
4. 完善制图	文字、尺寸标注，细部尺寸确定调整
5. 其他	

（四）考核　　　　　　　　　　　　　　　　　　　　满分 9 分

分 项	内 容	
	评定	评分
1. 绘图 　3 分		

分 项	内 容	
2.名称标注 3分	评定	评分
3.尺寸标注 3分	评定	评分
合计		评分

七、任务4-4 方案设计效果图3D计算机绘图

（一）准备与要求

分 项	内 容
1.实训前准备	A.教师准备 （1）计算机、3D绘图软件及绘图技术。 （2）教师要熟悉设计要求和其他情况 B.学生准备 （1）计算机、3D绘图软件及绘图技术。 （2）学生要熟悉平面图的细部尺寸，熟悉平面图空间的具体情况，建筑内外的情况。 （3）学生要熟悉设计要求和其他情况
2.安全文明	（1）学生工作期间不许大声询问、讨论、喧哗。使用工具时小心轻放，减少噪音。 （2）工具摆放要有秩序，不要乱堆乱放。 （3）工作中不能吃食品，不能做与设计无关的事
3.参考资料	（1）《3D效果图技法》 （2）教材《餐饮空间设计》（任洪伟 主编） （3）《餐饮空间设计实训指导书》（任洪伟 主编）
4.其他	

（二）实训内容

分　　项	内　　容
1.3D 建模	按手绘的平面、立面、吊顶平面图进行 3D 计算机建模
2.材质贴图	模型进行材质贴图
3.灯光设定	空间加灯光，进行设定参数
4.效果图渲染	使用相应渲染软件进行效果图渲染
5.后期处理 PS	应用 PS 软件进行效果图后期处理

（三）实训步骤

分　　项	内　　容
1.3D 建模	1.建模桌面设定。 2.进行保存文件设定，保存为 3D 文件。 3.进行长度单位设定为 mm
2.材质贴图	从材质库中选择备用文件，集中在一个文件夹内，便于使用，便于调整
3.灯光设定	建议使用灯光模型材质
4.效果图渲染	渲染期间进行设计思考，进行设计说明编写
5.后期处理 PS	电子文件单张图片原大应在 300dpi 以上，颜色模式 CMYK
6.其他	

（四）考核　　　　　　　　　　　　　　　　　　　满分 9 分

分　　项	内　　容	
1.空间设计 3 分	评定	评分
2.3D 效果图 3 分	评定	评分

分　项	内　容	
3.后期处理 3分	评定	评分
4.综合 3分	评定	评分
合计		评分

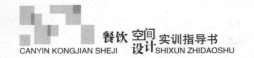

项目五　西式风格餐饮空间艺术设计　　学时：28 学时

一、项目导入

（一）设计项目

装饰设计公司承揽了一项餐饮酒店设计项目，前期功能分区设计已经完成并通过确认，现把餐饮酒店内部的设计任务进行分配，设计师进行西式风格的室内装饰设计，其中艺术设计是室内设计的重要方面。重要空间为餐饮区各楼层的包间设计。包间分为标准间、豪华间，标准间使用面积为 $20 \sim 40m^2$，豪华间使用面积为 $40 \sim 150m^2$，层高均为 3m。

平面图由教师给定，由学生绘于以下空白处。

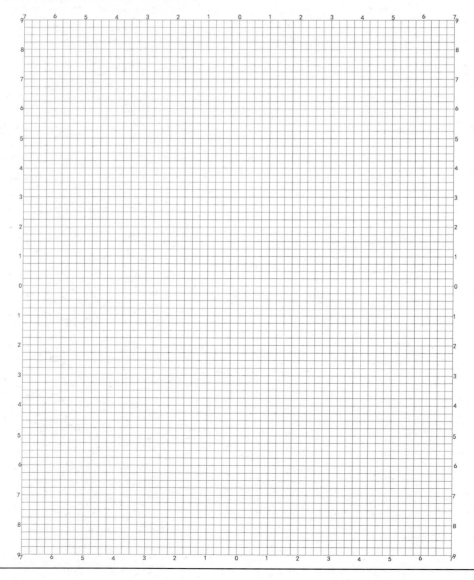

（二）实训目标

　　通过西式风格项目设计，使学生对西式风格餐饮空间艺术设计项目有一个实践实训的练习，通过真实工程项目的艺术设计，学习设计方法，了解设计操作过程，明确设计思考的各方面因素，对餐饮空间艺术设计有明确的认识，对项目的设计成果、餐饮设计岗位工作要求及水准有一个明确的认识。

　　学生通过西式风格餐饮空间艺术设计项目实践，培养学生全面的岗位工作综合能力，培养良好的服务及职业道德规范

二、实训任务

分　项	内　容	建议学时
任务 5-1	方案设计界面及节点手绘草图（西式风格）。 　　通过手绘，对空间 6 个界面（即地面、4 个墙面、吊顶平面）、节点进行设计，绘制平面图、立面图、吊顶平面图、节点详图，为下一步设计提供依据	6 学时
任务 5-2	方案设计效果图手绘草图（西式风格）。 　　通过手绘，对空间 6 个界面的设计通过透视的原理，绘制出室内效果图，效果图只要是反映设计者的艺术设计效果，为下一步的模拟 3D 电脑效果图的制作设计提供依据	6 学时
任务 5-3	方案设计界面及节点 CAD 计算机绘图。 　　通过计算机 CAD 软件进行施工图绘制，对空间 6 个界面、节点进行精细设计，计算机绘制平面图、立面图、吊顶平面图、节点详图，为下一步设计施工提供依据	6 学时
任务 5-4	方案设计效果图 3D 计算机绘图。 　　通过 3D 软件进行效果图制作，把空间 6 个界面的设计通过 3D 软件建模、渲染，绘制出室内电脑效果图，效果图主要是反映设计者的艺术设计效果，为设计投标评选提供依据	6 学时

三、实训基础　　　　　　　　　　　　　　　　　　　　学时：4 学时

参考文献：1. 教材；2. 室内设计资料集；3. 网络相关文件	
实训方式：1. 阅读教材；2. 同学间交流；3. 师生座谈	
思考的问题	提　示
1. 什么是西式设计风格？	（1）文化与地域； （2）建筑形式

思考的问题	提　示
2. 西餐厅室内环境的营造方法有哪些？	（1）建筑风格的特点； （2）西餐就餐的特点
3. 用于西式餐厅的装饰品与装饰图案有哪些？	
4. 空间设计风格有哪些？	
5. 餐厅顶棚界面设计方法应注意的问题是什么？	（1）功能问题； （2）艺术问题； （3）施工技术问题
6. 餐厅地面界面的设计方法应注意的问题是什么？	（1）与使用功能对应的问题； （2）区划与引导的问题
7. 餐厅墙体界面的设计方法应注意的问题是什么？	（1）完整与协调； （2）与环境相适应的问题
8. 其他	

四、任务 5-1　方案设计界面及节点手绘草图（西式风格）　学时：6 学时

（一）准备与要求

分　项	内　容
1. 实训前准备	A. 教师准备 （1）工具用品。包括：A3 打印纸、铅笔、碳素笔 0.38、橡皮、设计资料、计算机、计算机资料。 （2）教师要进行课前准备：熟悉设计平面图的细部尺寸；熟悉平面图空间的具体情况；熟悉建筑内外的情况等。 （3）教师要有较为明确的方案设计构思，和较为完整成熟的设计方案，同时要有几种可能产生的设计方案的比对，并明确其利弊、优缺点。 （4）教师要熟悉设计要求和其他情况。 B. 学生准备 （1）设计实训基础理论的学习，相关内容资料的收集、学习。 （2）工具用品。包括：A3 打印纸、铅笔、橡皮、碳素笔 0.38，彩铅、马克笔、图板 A2、直尺或三角板、设计资料等。 （3）学生要熟悉平面图的细部尺寸，熟悉平面图空间的具体情况，建筑内外的情况。 （4）学生要熟悉设计要求和其他情况。 （5）进行餐饮空间社会实地现场调查，掌握第一手资料，为设计提供感性认识
2. 安全文明	（1）学生工作实训期间，不许大声询问、讨论、喧哗。使用工具时小心轻放，减少噪音。 （2）工具、衣物、包裹、书籍、用品等摆放要有秩序，不要乱堆乱放。 （3）工作中不能吃食品，不能做与设计无关的事
3. 参考资料	（1）《室内设计资料集》 （2）教材《餐饮空间设计》（任洪伟　主编） （3）《餐饮空间设计实训指导书》（任洪伟　主编）
4. 其他	后记

（二）实训内容

分　项	内　容
1. 设计空间的内容	（1）每人必须设计的内容：酒店标准包间。 （2）每人选定以下一个空间进行设计：门厅、走廊、酒店豪华包间
2. 方案设计界面图及节点手绘草图（西式风格），调整与修改	（1）绘制 4 个立面图、平面图、吊顶平面图及节点图，学生进行手绘草图设计。 （2）4 个立面图、节点图绘制在一张 A3 打印纸上，平面图、吊顶平面图绘制在一张 A3 打印纸上。 （3）设计考虑的因素

分　　项	内　　容
3. 界面图及节点手绘草图标注名称、尺寸	（1）参考《室内设计资料集》 （2）参考教材《餐饮空间设计》（任洪伟　主编） （3）家具空间尺寸确定是否合理，是否符合设计规范，是否符合设计理念，是否符合餐饮设计特点

（三）实训步骤

分　　项	内　　容
1. 实训引导	（1）分组：2～3人为一个小组，研究完成一个设计任务。 （2）方式：每人出一个方案，研究综合选定一个方案与教师交流。 （3）评价：方案得分由学生互评和教师评定综合确定

分　　项	内　　容
2. 设计空间的内容及设备，调整与修改	选定酒店标准包间的设备提示：吧台、圆桌、方桌、吧椅、椅子、凳子、屏风、花坛、花盆、卡凳、服务工作台、前台经理工作台、沙发等。 学生设计工作填写表 5-1

服务内容	选定的设备	同学最终确定 × 或 √

设计遇到的问题

3. 设计：选定设备平面布置的位置，设备的尺寸，调整与修改	手绘进行酒店标准包间平面位置设计、餐厅设备尺寸设计确定，小组商定统一设计意见。每个同学分别绘制平面功能分区设计图。 学生设计工作填写表 5-2

绘图要求明确的内容：	有	无
①设备名称的标注文字		
②设备尺寸的标注数字		

设计遇到的问题

学生设计绘图在以下实训页内

酒店标准包间平面图

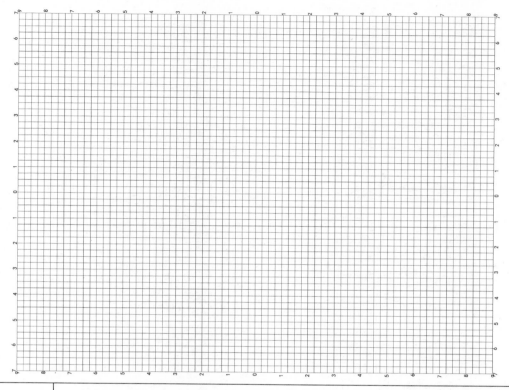

手绘进行餐厅立面及吊顶平面图设计确定，细部尺寸确定，每个学生分别绘图，出最终图，评定成绩。

学生设计工作填写表 5-3

	绘图要求明确的内容：	有	无
4. 设计餐厅立面及吊顶平面图	①立面及吊顶尺寸的标注数字		
	②立面内设备尺寸的标注数字		
	③立面及吊顶名称的标注文字		
	④立面内设备名称的标注文字		

设计遇到的问题

学生设计绘图在以下实训页内

（西式风格）酒店标准包间立面 1

（西式风格）酒店标准包间立面 2

（西式风格）酒店标准包间立面 3

（西式风格）酒店标准包间立面 4

学生设计绘图在以下实训页内

（西式风格）酒店标准包间吊顶平面设计图

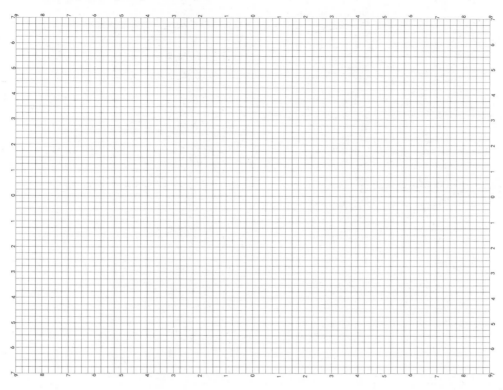

选定空间设计平面图

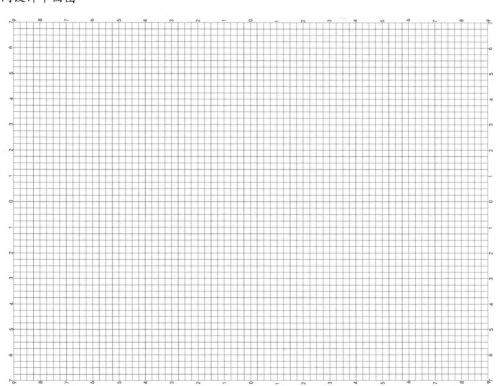

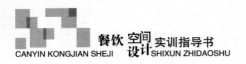

学生设计绘图在以下实训页内

（西式风格）选定空间设计立面1

（西式风格）选定空间设计立面2

（西式风格）选定空间设计立面3

（西式风格）选定空间设计立面4

学生设计绘图在以下实训页内

选定空间设计吊顶平面图

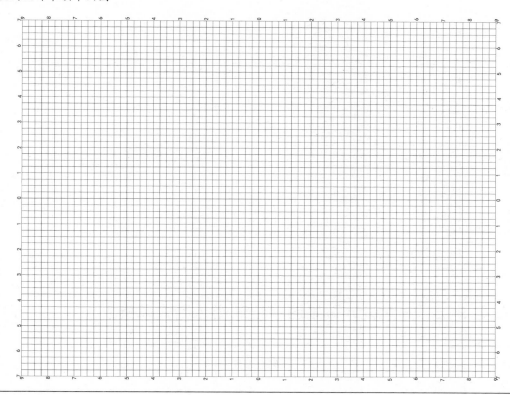

（四）考核　　　　　　　　　　　　　　　　　　　　　　　**满分16分**

分　　项	内　　容		
	设备	同学评定 × 或 √	教师评定
1. 选定设备 4分			
2. 位置确定 4分	评定		评分

分 项	内 容	
3.尺寸确定 4分	评定	评分
4.立面及吊顶 4分	评定	评分
合计		评分

五、任务 5-2　方案设计效果图手绘草图（西式风格）　　学时：6 学时

（一）准备与要求

分 项	内 容
1.实训前准备	A.教师准备 （1）工具用品。包括：A3打印纸、铅笔、橡皮、设计资料、计算机资料。 （2）教师要有熟练地手绘技法，教师要有较为明确的方案设计构思和较为完整成熟的设计方案。 B.学生准备 （1）工具用品。包括：A3打印纸、铅笔、橡皮、碳素笔、彩铅、马克笔、图板、直尺、设计资料、计算机资料等。 （2）学生要熟悉手绘效果图技法，熟悉绘画工具的使用。 （3）学生要熟悉设计要求和其他情况
2.安全文明	（1）学生工作期间不许大声询问、讨论、喧哗。使用工具时小心轻放，减少噪音。 （2）工具摆放要有秩序，不要乱堆乱放。 （3）工作中不能吃食品，不能做与设计无关的事
3.参考资料	（1）《室内设计资料集》 （2）教材《餐饮空间设计》（任洪伟　主编） （3）《餐饮空间设计实训指导书》（任洪伟　主编）
4.其他	后记

（二）实训内容

分　项	内　容
1.图面限定	（1）手绘效果图使用 A3 打印纸绘画。 （2）图面有效面积占纸面的 4/5 居中。 （3）用铅笔起稿
2.碳素笔定稿	（1）用碳素笔进行手绘效果图定稿绘图，线型优美，使用 0.3～0.5 的黑色碳素笔。 （2）作必要的明暗处理。 （3）作必要的线型处理
3.色彩填涂	（1）彩铅填涂。 （2）马克笔填涂。 （3）其他彩色填涂。 （4）设计主要表现的部分要精细绘画

（三）实训步骤

分　项	内　容
1.图面限定	（1）分组：2～3 人为一个小组，研究完成一个设计任务。 （2）方式：每人出一个方案，研究综合选定一个方案与教师交流。 （3）评价：方案得分由学生互评和教师评定综合确定
2.碳素笔定稿	（1）参考《手绘技法》教材。 （2）透视要准确。 （3）可使用必要的工具。 （4）设计主要表现的部分要精细绘画
3.色彩填涂	（1）参考《手绘技法》教材。 （2）色彩要层次分明，透视要准确。 （3）可使用不同的着色技法，达到最佳的艺术效果。 （4）设计主要表现的部分要精细绘画

（四）考核　　　　　　　　　　　　　　　　　　　　　满分 12 分

分　项	内　容	
	评定	评分
1.图面限定 　3 分		

分　项	内　容	
2.碳素笔定稿 3分	评定	评分
3.色彩填涂 3分	评定	评分
4.综合 3分	评定	评分
合计		评分

六、任务 5-3　方案设计界面及节点 CAD 计算机绘图　　学时：6 学时

（一）准备与要求

分　项	内　容
1.实训前准备	A.教师准备 （1）计算机 CAD 绘图软件及绘图技术。 （2）教师要熟悉平面图的细部尺寸、平面图空间的具体情况和建筑内外的情况；教师要有较为明确的方案设计构思和较为完整成熟的设计方案，同时要有几种可能产生的设计方案，并明确其利弊、优缺点。 （3）教师要熟悉设计要求和其他情况。 B.学生准备 （1）计算机、CAD 绘图软件及绘图技术，制图原理。 （2）学生要熟悉平面图的细部尺寸，熟悉平面图空间的具体情况，建筑内外的情况。 （3）学生要熟悉设计要求和其他情况
2.安全文明	（1）学生工作实训期间，不许大声询问、讨论、喧哗。使用工具时小心轻放，减少噪音。 （2）工具、衣物、包裹、书籍、用品等摆放要有秩序，不要乱堆乱放。 （3）工作中不能吃零食，不能做与设计无关的事

分　　项	内　　容
3.参考资料	（1）《CAD 电脑绘图技术》 （2）《室内设计资料集》 （3）教材《餐饮空间设计》（任洪伟　主编） （4）《室内制图原理》
4.其他	后记

（二）实训内容

分项	内　　容
1.平面绘图	按手绘的平面功能分区平面图，进行 CAD 计算机绘图，绘图按照建筑制图规范绘制
2.尺寸标注	空间尺寸、设备尺寸标注数字
3.名称标注	空间名称、设备名称标注文字

（三）实训步骤

分　　项	内　　容
1.检查计算机设备及软件，进行工作前调试及设定	（1）制图计算机检查及绘图软件桌面设定。 （2）进行保存文件设定，保存为 CAD2004 版。 （3）进行图纸设定 A2 图框。 （4）其他
2.制图	按手绘设计方案绘制平面功能分区平面图
3.交流修改调整设计	（1）交流设计创意，教师指出设计的不足之处。 （2）细部绘图调整比手绘图设计尺寸更加精确，手绘没有发现的问题通过计算机绘图暴露明显，要调整，而有些内容还需要重新设计确定。 （3）其他
4.完善制图	文字、尺寸标注，细部尺寸确定调整
5.其他	

（四）考核 满分 9 分

分　项	内　容	
1. 绘图 3 分	评定	评分
2. 名称标注 3 分	评定	评分
3. 尺寸标注 3 分	评定	评分
合计		评分

七、任务 5-4　方案设计效果图 3D 计算机绘图

（一）准备与要求

分　项	内　容
1. 实训前准备	A. 教师准备 （1）计算机、3D 绘图软件及绘图技术。 （2）教师要熟悉设计要求和其他情况。 B. 学生准备 （1）计算机、3D 绘图软件及绘图技术。 （2）学生要熟悉平面图的细部尺寸、平面图空间的具体情况和建筑内外的情况。 （3）学生要熟悉设计要求和其他情况
2. 安全文明	（1）学生工作期间不许大声询问、讨论、喧哗。使用工具时小心轻放，减少噪音。 （2）. 工具摆放要有秩序，不要乱堆乱放。 （3）工作中不能吃食品，不能做与设计无关的事
3. 参考资料	（1）《3D 效果图技法》 （2）教材《餐饮空间设计》（任洪伟　主编） （3）《餐饮空间设计实训指导书》（任洪伟　主编）
4. 其他	

（二）实训内容

分　项	内　容
1. 3D 建模	按手绘的平面、立面、吊顶平面图进行 3D 计算机建模
2. 材质贴图	模型进行材质贴图
3. 灯光设定	空间加灯光，进行设定参数
4. 效果图渲染	使用相应渲染软件进行效果图渲染
5. 后期处理 PS	应用 PS 软件进行效果图后期处理

（三）实训步骤

分　项	内　容
1. 3D 建模	（1）建模桌面设定。 （2）进行保存文件设定，保存为 3D 文件。 （3）进行长度单位设定为 mm
2. 材质贴图	从材质库中选择备用文件，集中在一个文件夹内，便于使用，便于调整
3. 灯光设定	建议使用灯光模型材质
4. 效果图渲染	渲染期间进行设计思考，进行设计说明编写
5. 后期处理 PS	电子文件单张图片原大应在 300dpi 以上，颜色模式 CMYK
6. 其他	

（四）考核　　　　　　　　　　　　　　　　　　　　满分 9 分

分　项	内　容	
	评定	评分
1. 空间设计 　3 分		

分　　项	内　　容	
2. 3D 效果图 3 分	评定	评分
3. 后期处理 3 分	评定	评分
4. 综合 3 分	评定	评分
合计		评分

附录一　餐饮空间的设计任务要求

（1）设计完成的图纸及文件：

1）手绘平面及立面设计草图（全套，尺寸A3）。

2）空间手绘设计效果图每个空间至少1张（尺寸A3）。

3）电脑施工图CAD（全套，打印尺寸A3）。

4）电脑效果图每个空间至少1张（打印尺寸A3，电子文件单张图片原大应在300dpi以上，颜色模式CMYK）。

5）设计排版展版。

（2）所给平面均为临街商用单层或多层建筑，设计内容只涉及室内净空间及餐饮空间正立面的门头设计。临街正立面的门面设计，要体现出设计的特色。只限于室内净空间：①净高4500mm（板底）；②梁底高3900mm；③除大厅散座外，要求不少于3个（5人单桌）包间；④充分利用提供的室内空间关系，表达餐饮空间的商业氛围。

（3）方案设计投影图示平面图（含地面铺装、设施、陈设设计、建筑设备系统概念设计等，出图比例1：100或1：150）；顶面图（含顶面装修、照明设计、建筑设备系统概念设计等，出图比例1：100或1：150）；基本功能空间的立面图（每空间至少2个立面，须表示空间界面装修、设施和相应的陈设设计等）；其他功能空间（自拟）的立面图数量自定（出图比例1：100或1：150）。

（4）提交作品的电子文档制作展板要求：要求内容编排在780mm×590mm的展板版心幅面范围内（统一采用竖式构图），须符合规定出图比例。将展板的最终电子文档（保存为*.JPG格式，300dpi）的光盘最后上交。

（5）作品设计要求能够充分体现甲方要求，必须符合本设计的基本要求，突出设计主题内容。

（6）作者应注重设计理念的表达，强调创新意识，提高设计过程中的创造能力。鼓励通过设计实现对室内环境中的人与环境界面关系的创新，提倡安全、卫生、舒适、经济、绿色（生态）、个性的设计。

（7）室内环境功能设计合理，基本设施齐备，满足甲方的设计需求。体现可持续性设计概念，注意应用适宜的新技术。

附录二　项目设计任务书

××大酒店建筑装饰设计任务书

项目	设计任务书
目录	一、项目概况 二、酒店定位 三、设计依据 四、总体设计要求 五、设计范围 六、平面布局设计要求 七、设计进度 八、需设计单位完成的其他工作 九、建设单位提供的设计文件
内容	**一、项目概况** 本酒店项目为××发展公司项目的重要组成部分，××项目位于×市×区×地段。 项目地块内含有占地共73.06万 m^2 的美景、水库，以总用地面积计算的实际容积率仅为0.34，是×省历来推出市场最大规模的房地产开发地块，满足打造综合高端项目的必备条件。 本项目有明显的区位优势，距某市中心城区仅有17km，距离主要商务区也在半个小时车程范围内，以项目地为中心，2h车程为半径，可覆盖A、B、C、D、E等珠三角城市。随着都市区及RBD的打造，酒店不应以某地作为主要客源市场，而应以A及B作为主要客源市场。 根据某市的"十二五"发展规划，东部的A、B、C将建成都市型制造业基地、商贸物流中心、环境优美的居住地，同时，强化E作为南海政治、文化中心的地位，将D建成先进制造业基地、生态观光农业示范区、旅游度假区；将西部的狮山建成先进制造业基地、省内重要的高级职业教育培训基地及产学研居为一体的初具规模的现代化新城区，将F建成珠三角重要的旅游目的地之一、将H建成"五金之都"、循环经济示范区和与狮山隔江相望宜工宜商宜游的后花园。 1.项目建设概况 项目名称： 建设地点： 建设单位： 项目性质：餐饮建筑装饰项目 2.装饰内容、投资规模 ××酒店占地面积为136520 m^2，总建筑面积12578 m^2。项目定位为集休闲、会议、餐饮于一体的×级××酒店。建设装饰内容主要为酒店主楼（国际会议中心、度假别墅式客房、室内外游泳池、康体设施以及道路、停车场、绿化、环保）等相关配套设施。项目总投资额为12819万元。

项目	设计任务书
内容	## 二、酒店定位 1.酒店开发战略定位 项目为顶级酒店，核心酒店带动广泛酒店社区，配合（高尔夫球场、郊野公园等设施）某地区著名会议度假胜地，最终带动大规模地产开发。 本次设计委托仅针对五星级多层酒店，并不包括顶级别墅度假酒店，以下"酒店"除非特别说明外均指五星级多层酒店。 2.酒店客源市场定位 酒店开业后的市场客源将以某地区会议和休闲度假客源为主。 3.酒店经营模式定位 酒店可能委托国际著名酒店管理公司管理。 4.酒店竞争战略定位 会议设施将满足各类大型会议的需求。以最大的会议规模、最齐全的会议设施、最好的会议环境打造某地区首屈一指的酒店。 5.酒店数量定位 项目整体内包含有两座酒店，分别为一座顶级别墅度假酒店和一座五星多层酒店。本设计任务书所指酒店为后者。 6.酒店类型定位 酒店类型定位为海鲜酒店。 7.酒店档次定位 酒店档次定位为五星级标准酒店。 8.酒店规模定位 酒店包房数量约50间套，总建筑面积约13000m²。 9.酒店主题定位 待完成，需符合项目整体主题定位。 10.酒店与项目中其他业态互动关系定位 酒店与项目中另外一个顶级别墅酒店部分互动关系定位，顶级海鲜酒店提升项目整体品质高度，五星多层酒店带动项目人气，扩大项目的影响范围，两者定位互补，形成双核心带动广泛酒店社区。 ## 三、设计依据 （1）酒店室内设计任务书、建筑设计图、结构设计图、机电设计图。 （2）设计规范及标准： 1）中华人民共和国评定旅游涉外饭店星级的规定《旅游涉外饭店星级划分与评定》（GB/T 14308—1997）； 2）中华人民共和国评定旅游涉外饭店星级的规定《星级饭店客房用品质量与配置要求》（LB/T 003—1996）； 3）《建筑制图标准》（GB/T 50104—2001）； 4）《室内灯具光分布分类和照明设计参数标准》（CECS 56：94）； 5）《建筑内部装修设计规范》（GB 50222—1999）； 6）《高级装饰工程质量检验评定标准》（DBJ 01—27—967）《建筑装饰工程施工验收规范》（JBJ 73—94）。

项目	设计任务书
内容	

四、总体设计要求

设计单位应广泛借鉴国际著名酒店的设计理念，以"好看、耐看；好用、耐用；赚钱、值钱"为原则，努力创新，力争达到"与众不同、建立长久的难以模仿的核心竞争力"的目标，创新应主要体现在以下方面：

（1）建筑形态。

（2）主题和风格。

（3）功能规划。

（4）空间布局。

（5）新型建筑装饰材料运用。

（6）新型建筑装饰施工工艺技术运用。

（7）新型节能环保技术运用。

（8）高新科技设备及产品运用。

设计要求：

（1）设计方案应体现以人为本的原则，要求合理、科学地考虑平面布局与流程，充分满足使用要求，设计风格以现代、简洁、大气、庄重为主格调，装修项目以简洁为主，装饰配套要突出时代要求，体现轻装修重装饰的设计原则。

（2）秉承向所有客人提供"安全、舒适、放心的旅游服务"的企业文化理念。酒店设计要有自己独具特色的内涵及现代、舒适、以人为本的休闲、娱乐流程，美观、简约大方，富有现代气息，又要协调统一。

（3）要求重视绿化设计，运用适当的植物品种，巧妙搭配，营造良好的室内外绿化景观。重视对声光环境的设计，包括人造光源设计及自然光源环境设计以及相应的避光、隔声和吸音措施。

（4）利用自然采光、通风，采用合理有效的措施，尽力降低能源消耗，体现生态思想和节能观念，满足可持续发展的需要。

五、设计范围

（1）室内装修设计：

1）所有室内区域的内装修设计，包括天、地、墙、门、隔墙及固定家具的设计。

2）大堂入口处的大门。

3）厨房给出平面规划，厨房设备由厨房设备厂家专业设计。

（2）装修配套设计：包括但不限于活动家具、洁具选型、灯具选型、装饰材料样板、窗帘布艺、画、盆景、门五金、卫生间五金、门牌标志、室内陈设。

（3）根据五星级酒店装修标准及使用功能提出强弱电、通风空调、给排水、消防的设计接口。包括但不限于：

1）综合布置天花图（包括灯具、风口、烟感、喇叭、喷淋等机电的定位）。

2）强电开关插座面板的定位。

3）弱电出线口的定位。

4）消防设计相关要求（如：防火分区、防火门、防火通道、消防排烟楼梯设置要求）。

5）空调风口的送风形式、空调开关定位。

6）厨房设备平面规划方案。

项目	设计任务书
内容	7）卫生洁具节水控制要求等。 8）桑拿房、游泳池等的强、弱电机房的设计接口。 （4）给排水工程、强弱电工程、空调工程、消防工程、厨房设备、游泳池设备、电梯设备、舞台灯光、音响设备、霓虹灯设备由甲方委托专业的设计公司设计，装修设计单位要提供设计接口和配合。 **六、平面布局设计要求** （一）总体要求 （1）酒店整体平面布局设计要求：由于酒店定位为国际五星级酒店，其配套功能规模较大，而且酒店需要一定的景观环境和停车广场，因此酒店主体建筑应选择离水岸线较宽阔的区域作为建筑用地。 （2）入口要求：酒店项目地块西南侧为区内主干道，策划要求酒店需具备以下出入口：主入口，餐饮、次入口。建议酒店主入口朝西南方向开，餐饮次入口应尽量一侧设置。 （3）总体平面布局可根据酒店各功能区特殊需求，结合地形地势设计，以满足各功能区的平面布局、使用要求和视觉空间要求。 （4）项目各功能区均应成为相对独立的区域，并在临干道侧设各自的入口门厅、酒店综合大堂与包房底层可考虑在同一高度上，便于交通及经营管理。 （5）酒店外环境结合项目地有利因素，应以水景、园林、小品建筑等景观、环境组成，成为具有文化主题建筑的酒店建筑。 （二）细部要求 1.公共区域平面布局设计要求 酒店大堂建筑面积约3500m²，其中包括： 公共流动区450m²； 客人休息区80m²，区位选择应避开客流主通道； 团队入口及休息室约100m²（含团队入口及交通）； 总服务台30m²，服务台长度不小于15m； 前台办公室55m²； 商务中心，面积约60m²，区位选择应避开客流主通道； 精品商业区约300m²； 公共卫生间80m²； 其他及交通面积约200m²； 各功能区面积数量为参考值； 主楼一层的建筑层高不宜小于5.5m； 建议酒店大堂的中部局部挑空2层，挑空面积约400～500m²，形成上下共享空间。 2.包房区平面布局设计要求 为减少公共面积，增加营业面积的有效使用率，建议酒店包房周边展开，采用板式"一字形"或"弧形"布局，平面布局为东、西或南、北朝向，为避免交通距离过长，建议内走廊的双面包房设置，交通核心应在临大堂部位。 3.餐饮区平面布局设计要求 酒店主体楼内分设酒店大堂区、餐饮、展示等功能区域；酒店餐饮分配套区（西餐厅、风味餐厅、大堂吧、独立酒吧）和社会化经营区；配套区可由酒店大堂为主要出入口，独立门厅为主要出入口。

项目	设计任务书
内容	4. 酒店配套区餐饮 （1）大堂吧：建议安排在临近主体楼一层的大堂区内，客流入口为酒店主大堂；面积约 250m²，布局要求避开客流主通道，具有便捷的交通和位置较明显的区域。 （2）西餐厅： 1）安排在综合主体楼大堂区的附近，建议区域能与大堂区域成地域形成一定的高差（应大于 0.5m），客流入口为酒店主大堂。面积约 400m²，并在餐厅区内设 1 个约 40m² 的西餐包间，入口处设一个西饼屋。 2）设西餐厨房，需满足物流与服务流的可行性，面积约 150m²。 （3）风味餐厅： 1）安排在主体楼交通核心区的附近，客流入口为酒店主大堂；面积约 800m²，可具有独立的门厅。 2）无景观或临后勤交通区域设为厨房区，需满足物流与服务流的可行性，面积约 150m²。 （4）社会化餐饮区域： 1）建议选择独立的建筑区域，设宴会厅、中式餐厅。 2）中餐厅布局可设在酒店主体楼的一层，区域要求具有相对独立的区位，主要入口可考虑为中餐、宴会共用门厅，通过步行到达各用餐区。 3）各用餐区需有较好视野的落地窗收纳景观。 4）无景观或临后勤交通区，面积约 500～600m²；要求服务通道不能与客人流线交叉设置。 5）贵宾接待室 1 个，面积约 120m²。 6）在相应区域安排会议序厅、衣帽间、公共卫生间、会议家具库房、服务用房、交通走廊等。 （5）后勤区域平面布局设计要求：后勤区域可利用局部建筑体的地势提高后的地下层或地下层，作为后勤区域各功能的安排，并在一层设置专用后勤员工、货物入口，为便于管理，建议设在酒店广场区的边沿区位。 （6）酒店经营服务物品库房面积 450m² 左右，区位选择近后勤入口和临近货梯的区域，便于物品的收发。 （7）布草房布草间约 80m²；员工更衣及卫生间面积约 400m²，区位选择在临近后勤通道口，男女区的比例约为 4：6。 （8）后勤办公区约 350m²，安排在地下层的最远端，进出口单独设置。 （9）建筑外立面设计要求： 1）由双方及建筑设计单位共同研究，结合主题要求确定。 2）以上各功能区用地面积数量为参考值。 3）人防工程以国家有关规定执行。

七、设计进度

（略）

八、需设计单位完成的其他工作

（1）配合建设单位做好装修工作的招标工作。

（2）配合建设单位做好现场验收工作。

（3）配合建设单位做好装修材料样板的确认工作。

（4）配合建设单位做好整个装修工程的设计变更工作。

项目	设计任务书
内容	（5）参加装修工程的竣工验收工作。 （6）参加由建设单位主持的需由设计人参加的相关工程会议。 **九、提供建筑资料** 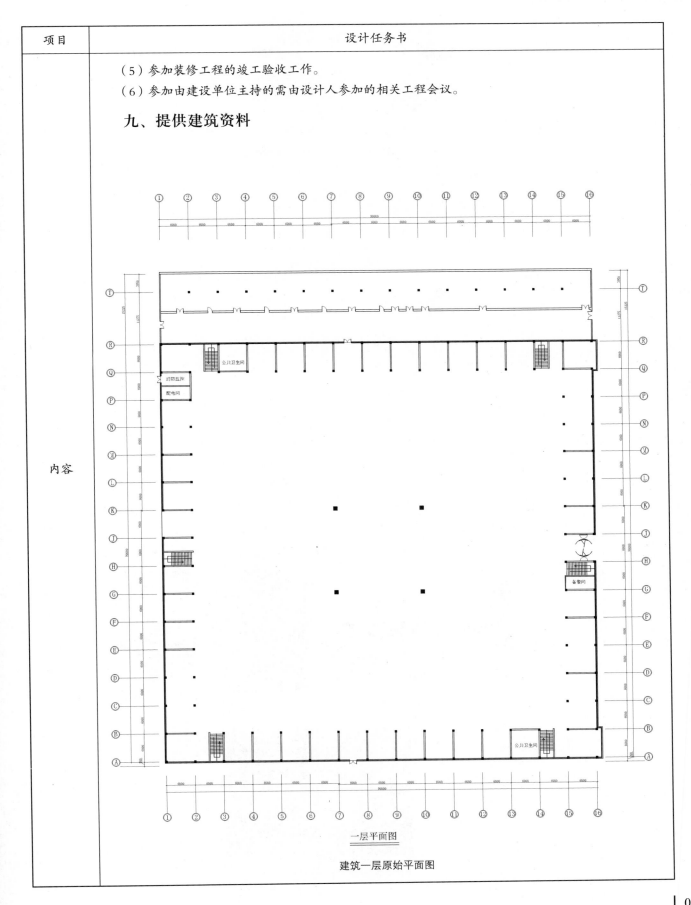 一层平面图 建筑一层原始平面图

项目	设计任务书
内容	建筑二层原始平面图

本案例建筑为混凝土框架结构和钢结构两层建筑，建筑周边为两层，四周有回廊，中间部分为跨层大厅，屋顶有一圆形天窗，直径18m。屋顶为球形网架钢结构。建筑每层举架高4m，占地面积约为9450m²（不包括主题外建筑），建筑平面形式为正方形。

建筑外正门立面及门前广场

建筑内阳光厅

建筑内二层回廊

以下为绘图备用页：

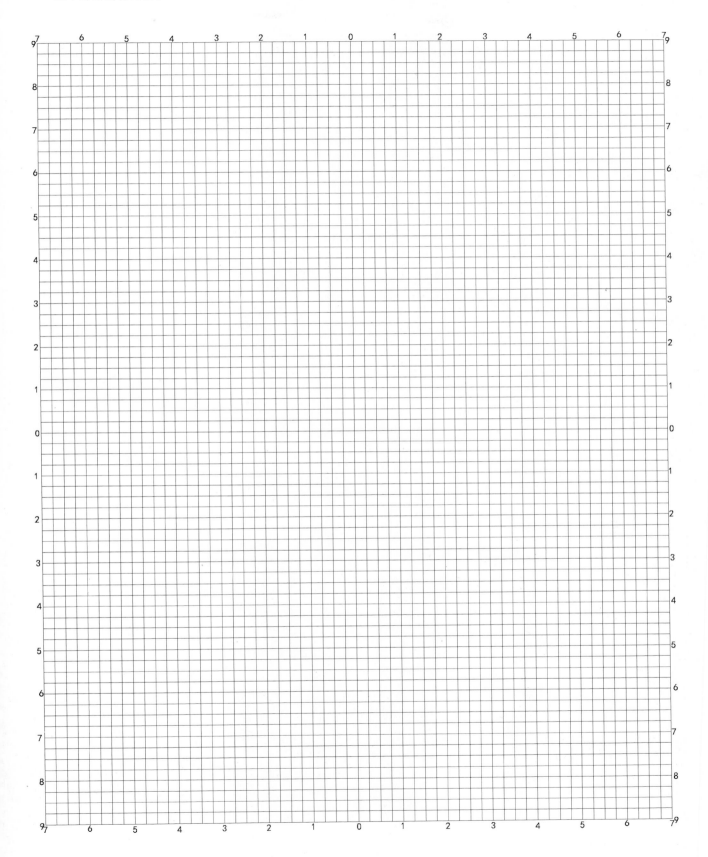